江河湖海的浪漫

世界著名河流湖海

《中国大百科全书》青少年拓展阅读版编委会　编

中国大百科全书出版社

图书在版编目（CIP）数据

江河湖海的浪漫·世界著名河流湖海 /《中国大百科全书》青少年拓展阅读版编委会编 . —北京：中国大百科全书出版社，2019.9

（中国大百科全书：青少年拓展阅读版）

ISBN 978-7-5202-0600-6

Ⅰ.①江… Ⅱ.①中 … Ⅲ.① 河流—世界—青少年读物②湖泊—世界—青少年读物 Ⅳ.① K918.4-49

中国版本图书馆 CIP 数据核字（2019）第 215499 号

出 版 人	刘国辉
策划编辑	李默耘　程　园
责任编辑	李默耘
封面设计	WONDERLAND Book design 仙境 QQ:344581934
责任印制	李　鹏
出版发行	中国大百科全书出版社
地　　址	北京阜成门北大街 17 号
邮　　编	100037
网　　址	http://www.ecph.com.cn
电　　话	010-68341984
印　　刷	蠡县天德印务有限公司
开　　本	710 毫米 ×1000 毫米　1/16
字　　数	90 千字
印　　张	7.5
版　　次	2019 年 9 月第 1 版
印　　次	2020 年 1 月第 1 次印刷
定　　价	33.00 元

序

百科全书（encyclopedia）是概要介绍人类一切门类知识或某一门类知识的工具书。现代百科全书的编纂是西方启蒙运动的先声，但百科全书的现代定义实际上源自人类文明的早期发展方式：注重知识的分类归纳和扩展积累。对知识的分类归纳关乎人类如何认识所处身的世界，所谓"辨其品类""命之以名"，正是人类对日月星辰、草木鸟兽等万事万象基于自我理解的创造性认识，人类从而建立起对应于物质世界的意识世界。而对知识的扩展积累，则体现出在社会的不断发展中人类主体对信息广博性的不竭追求，以及现代科学观念对知识更为深入的秩序性建构。这种广博系统的知识体系，是一个国家和一个时代科学文化高度发展的标志。

中国古代类书众多，但现代意义上的百科全书事业开创于1978年，中国大百科全书出版社的成立即肇基于此。百科社在党中央、国务院的高度重视和支持下，于1993年出版了《中国大百科全书》（第一版）（74卷），这是中国第一套按学科分卷的大百科全书，结束了中国没有自己的百科全书的历史；2009年又推出了《中国大百科全书》（第二版）（32卷），这是中国第一部采用汉语拼音为序、与国际惯例接轨的现代综合性百科全书。两版百科全书用时三十年，先后共有三万多名各学科各领域最具代表性的专家学者参与其中。目前，中国大百科全书出版社继续致力于《中国大百科全书》（第三版）这一数字化时代新型百科全书的编纂工作，努力构建基于信息化技术和互联网，进行知识生产、分发和传播的国家大型公共知识服务平台。

从图书纸质媒介到公共知识平台，这一介质与观念的变化折射出知识在当代的流动性、开放性、分享性，而努力为普通人提供整全清晰的知识脉络和日常应用的资料检索之需，正愈加成为传统百科全书走出图书馆、服务不同层级阅读人群的现实要求与自我期待。

《〈中国大百科全书〉青少年拓展阅读版》正是在这样的期待中应运而生的。本套丛书依据《中国大百科全书》（第一版）及《中国大百科全书》（第二版）内容编选，在强调知识内容权威准确的同时力图实现服务的分众化，为青少年拓展阅读提供一套真正的校园版百科全书。丛书首先参照学校教育中的学科划分确定知识领域，然后在各类知识领域中梳理不同知识脉络作为分册依据，使各册的条目更紧密地结合学校课程与考纲的设置，并侧重编选对于青少年来说更为基础性和实用性的条目。同时，在条目中插入便于理解的图片资料，增加阅读的丰富性与趣味性；封面装帧也尽量避免传统百科全书"高大上"的严肃面孔，设计更为青少年所喜爱的阅读风格，为百科知识向未来新人的分享与传递创造更多的条件。

百科全书是蔚为壮观、意义深远的国家知识工程，其不仅要体现当代中国学术积累的厚度与知识创新的前沿，更要做好为未来中国培育人才、启迪智慧、普及科学、传承文化、弘扬精神的工作。《〈中国大百科全书〉青少年拓展阅读版》愿做从百科全书大海中取水育苗的"知识搬运工"，为中国少年睿智卓识的迸发尽心竭力。

本书编委会

2019 年 9 月

目录

太平洋

世界上最大、最深、边缘海和岛屿最多的一个大洋。位于亚洲、大洋洲、美洲和南极洲之间。北端以白令海峡与北冰洋相连；南抵南极洲；东南以南美洲南端合恩角（67°16′W）至南极半岛（61°12′W）的连线同大西洋分界；西南边与印度洋分界线，一般认为它是下面这样一条假想线：始于马六甲海峡北端，沿苏门答腊岛、爪哇岛、努沙登加拉群岛南岸，到新几内亚岛（伊里安岛）南岸的布季，越过托雷斯海峡与澳大利亚的约克角的相连，从澳大利亚东岸到塔斯马尼亚东南角、直至南极大陆的经线（146°51′E）。总面积为17 868万平方千米，平均深度为3957米，最大深度为11 034米（位于马里亚纳海沟中），体积为7.071亿立方千米，均居各大洋之首。

太平洋拥有大小岛屿万余个，总面积为440多万平方千米。其中的新几内亚岛是太平洋中最大的岛屿，仅次于格陵兰岛，居世界第二。流入的河流有美洲的育空河、哥伦比亚河和科罗拉多河以及亚洲的长江、黄河、珠江、黑龙江和湄公河等。

太平洋东西海岸类型明显不同：东海岸的山脉走向与海岸平行，岸线平直陡峭，大陆架狭窄；而西海岸自北向南分布着一系列的岛弧，岛屿错列，岸线曲折，陆架宽广。

地质地形

地形与构造　根据洋底地形与地质构造上的特点，可将太平洋分为东区、中区和西区三部分。

东区　皇帝海岭、夏威夷海岭、莱恩海岭和土阿莫土海岭以东的地区。明显的构造特征是东太平洋海隆和纬向断裂带。东太平洋海隆始于南纬60°、西经60°处，向

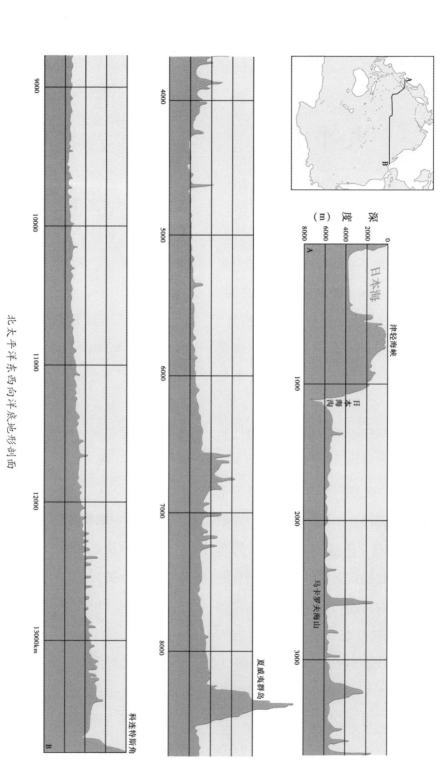

北太平洋东西向洋底地形剖面

江河湖海的浪漫·世界著名河流湖海

西至西经 130° 附近转向北，大致平行于美洲海岸向北延伸，直至阿拉斯加湾，长达 1.5 万千米、高 2～3 千米、宽约 2000～4000 千米，约占太平洋总面积的 1/3。海隆以东伸展着次一级的海岭，如智利海岭、纳斯卡海岭、加拉帕戈斯海岭等。东区还发育着另一种构造活动带——纬向断裂带，长达数千千米，宽约 100～200 千米，两旁垂直高差达数百乃至数千米，并有现代火山活动。主要的断裂带自北向南有：门多西诺、先峰、默里、莫洛凯、克拉里恩、克利珀顿、加拉帕戈斯等。

中区 从皇帝海岭、夏威夷海岭、莱恩海岭和土阿莫土海岭向西，到千岛、日本、马里亚纳海沟、汤加海沟和克马德克海沟这条连线为止。这里是太平洋盆地中较古老而稳定的地区。在沉陷的盆地上发育着一系列西北—东南向的火山山脉。其中主要有夏威夷海岭、莱恩海岭和土阿莫土海岭。连成一条纵贯太平洋南北的海底山脉。海底山脉把太平洋海盆分割成若干次一级的深海盆地，以皇帝海岭和夏威夷海岭为界，以东是东北太平洋海盆（属东区），水深为 4000～6000 米，最大深度为 7168 米；以西是西北太平洋海盆，平均水深为 5700 米，最大深度为 6229 米。中太平洋海山、莱恩群岛与马绍尔群岛之间为中太平洋海盆，水深一般为 5000～5500 米，最大水深为 6370 米。中太平洋海盆以南，南极 - 太平洋海岭以北为西南太平洋海盆，其水深在 4500～6000 米之间，最大水深为 8581 米。

西区 指完整的海沟 - 岛弧 - 边缘海地带。海沟和岛弧是成对出现的，岛弧一般平行地分布于海沟靠陆地一侧。

世界大洋中水深大于 6000 米的深海沟有 20 条分布在太平洋的边缘。著名的海沟有：千岛海沟、日本海沟、伊豆 - 小笠原海沟、马里亚纳海沟、帕劳海沟、琉球海沟、菲律宾海沟、新赫布里底海沟、汤加海沟、克马德克海沟、阿留申海沟、秘鲁 – 智利海沟等。

火山与地震 按照板块构造理论，大洋地壳是在大洋中脊处诞生，在海沟地带消亡。东太平洋海隆不断扩张，是生成新洋壳的地方，因而隆顶有频繁的地震、火山和热液出现，为高热流地带。沉积物的年代不早于晚白垩世。沉积物厚度不超过数十米；海沟是大洋地壳消亡的地带，也是地球表面最活动的地质构造带，多地震和火山。全球约85%的活火山和约80%的地震集中在太平洋地区。太平洋东岸的美洲科迪勒拉山系和太平洋西缘的花彩状群岛是世界上火山活动最剧烈的地带，活火山多达370多座，有"太平洋火环"之称，地震频繁。

深海沉积 太平洋洋盆中沉积物按其组成可分为褐黏土、生源沉积物、浊流沉积物、海底火山沉积物等，其中生源沉积物及褐黏土几乎占据整个大洋盆地。但是，南、北太平洋中的褐黏土组成不相同。北太平洋中的褐黏土富集陆源矿物石英、云母和伊利石等。南太平洋的褐黏土含有丰富的自生矿物钙十字沸石和蒙脱石，是由火山物质经海水溶解而成。

生源沉积物中含有大量硅质和钙质的生物残骸，分别称硅质和钙质软泥。硅质软泥中大部分是硅藻壳和放射虫的骨骼组成。硅藻软泥分布在南、北半球的高纬度海区，而放射虫软泥只分布在赤道附近的狭长地带。钙质软泥主要分布在北纬9°南、4500米以浅的洋底上。在4500米以深，由于碳酸钙的溶解度加大，致使下沉的钙质介壳溶解殆尽。钙质软泥中所含的生物壳体主要是有孔虫、翼足虫和颗石藻。翼足虫仅散布在斐济群岛附近和澳大利亚以东的海区。颗石藻只分布在赤道附近。

气 候

赤道无风带 在北半球的夏季，无风带位于赤道以北5°～10°之间，东北信风和东南信风在这里辐合上升，风力微弱。气候炎热，气温在26℃以上，最高温度出现在菲律宾以东的洋面，5—9月份气温可到29℃以上。由于这里的水温高于气温，空气对流旺盛，年降水量可达1000～2000毫米，东部巴拿马湾附近高达3000毫米。

副热带静风区和信风带　约在南、北纬30°～35°之间，常年为太平洋高压控制。由于气流下沉，绝热增温，风力弱，故称静风区。气候干燥，天空晴朗，雨量稀少；南太平洋高压带比较稳定，北太平洋高压带的位置随季节变化较大，夏季可向西北延伸至北纬40°，冬季后退至北纬20°附近。

在副热带高压带下沉的气流，向赤道方向运动，在地球偏转力的作用下，形成东北（北半球）和东南（南半球）信风。信风的风力、风向都较稳定，属性干燥。因此，在信风带内蒸发强烈，降水量小。在信风带西部，由于受欧亚大陆上气压系统的影响，信风场遭到破坏，这里盛行偏北和偏南季风。在太平洋西部，在南北半球的

5°～25°之间常有热带气旋发生。

西风带　约位于副热带高压带与南、北纬60°之间。由于盛行西南（北半球）和西北（南半球）风而得名。在南太平洋的西风带内，风向稳定，风力强大，常有18米/秒以上的大风，故有"咆哮西风带"之称。北太平洋西风带的情况有所不同。冬季，太平洋西部盛行干燥寒冷的西北风，而东部则盛行西南风。因此，大洋西部较东部寒冷。

在西风带内，温度随纬度的增加迅速下降。在北半球的冬季，北纬60°附近平均气温约-10℃，南纬60°附近约5℃；而在北半球夏季时，北纬60°附近的平均气温可达8～10℃；南纬60°附近约为0℃。阿留申低压所控制的范围内，雨雪很多，为北太平洋上的最大降水区；而南纬45°～50°内也是云和降水的高值区。西风带也是太平洋上的多雾地区。

极地东风带　在极地下沉的气流受科氏力作用，在南极大陆边缘

形成偏东风，称为"极地东风带"。这里全年都是冰天雪地，除夏季少数几天外，温度都在零度以下。

水文特征

表层环流　在信风和西风的作用下，在南、北太平洋洋面上形成一个以南北副热带为中心的环流。北太平洋的环流是由北赤道流、黑潮、北太平洋流和加利福尼亚流构成的顺时针循环；南太平洋的环流则由南赤道流、东澳大利亚海流、西风漂流和秘鲁海流组成的逆时针循环。在两个环流之间是向东流的赤道逆流。

在北太平洋的亚北极海区，还有由阿拉斯加海流、亲潮和北太平洋流构成的逆时针环流；但南太平洋的亚南极海区因无大陆阻挡，只有环绕南极大陆的南极绕极环流。绕极流靠近南极大陆部分，出现向西流动的极地东风漂流。

赤道流系　太平洋赤道流系是由东南和东北信风引起的自东向西的海流。在北半球夏季（8月份）时，北赤道流位于北纬10°～20°之间；南赤道流位于北纬3°～4°和南纬20°之间；赤道逆流位于北纬3°～4°和10°之间，冬季其边界略向南移动。

北赤道流的平均

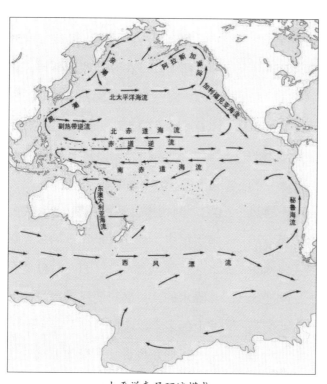

太平洋表层环流模式

流速为 20 ～ 30 厘米 / 秒, 平均流量为 45×10^6 米³/ 秒; 南赤道流 8 月份的平均流速为 50 ～ 60 厘米 / 秒, 流量为 50×10^6 米³/ 秒。

太平洋赤道逆流位于南北赤道流之间。北赤道逆流西起菲律宾外海, 东至巴拿马湾, 横贯太平洋, 长达 1.5 万千米, 宽约 300 ～ 700 千米, 平均流速为 40 厘米 / 秒, 平均流量为 45×10^6 米³/ 秒, 最大流速为 150 厘米 / 秒, 是世界大洋中最强大的赤道逆流。南赤道逆流起源于所罗门群岛附近的海面上, 向东可达秘鲁外海, 几乎与北赤道逆流对称分布, 海流西强东弱, 最大流速约为 10 厘米 / 秒。

赤道流系属于表层流系, 其厚度约为 100 ～ 300 米, 在赤道附近最浅, 向副热带地区增厚, 其下有强大的温跃层, 将温暖的表层水与其下的冷水分开, 跃层以下的流速大大减弱。

在赤道区的南赤道流下面发现一支次表层流——赤道潜流。太平洋赤道潜流又称"克伦维尔海流"。

位于南、北纬 2° 之间, 其核心位置通常位于温跃层之上, 最大厚度约为 200 米, 宽约 300 千米, 像一条很薄的带子从菲律宾外海向东直至科隆群岛（加拉帕戈斯群岛）附近, 全长约 1.4 万千米。海流的核心深度随温跃层一起从西端向东上升, 在西经 140° 处约为 100 米深, 到西经 100° 处只有 40 米深。核心的最大流速为 100 ～ 150 厘米 / 秒, 流量约为 40×10^6 米³/ 秒, 在科隆群岛（加拉帕戈斯群岛）附近减少为 3×10^6 米³/ 秒。

西边界流　南北赤道流到达大洋西部后, 一部分汇入赤道逆流, 大部分转向高纬一侧, 沿着大陆的边缘, 在狭窄的地带内以更大的速度向极地流动。分别形成了黑潮和东澳大利亚海流, 成为太平洋西部边界流。

黑潮是由北赤道流在吕宋岛以东转变而成。流经东海, 主干则从吐噶喇海峡再进入太平洋, 并沿着日本群岛向东北流, 成为北太平洋中最强大的海流。

东澳大利亚海流是南赤道流进入珊瑚海后形成的。它沿着澳大利亚大陆架的边缘向南流。在南纬25°附近，流幅变窄，厚度加大，由于来自东北边的热带水不断加入，其势力加强，形成较强的海流。在南纬33°～34°之间，海流转向东北，横渡塔斯曼海，形成一支向北的逆流。与此同时还分裂出一系列直径约为250千米的反气旋涡旋，以5厘米/秒的速度向南进入塔斯曼海。东澳大利亚海流在拜伦角外流速最大，12月份至次年4月份平均流速为50厘米/秒，其他季节在30厘米/秒左右，流量为（12～43）×10^{6}米^3/秒。

太平洋西风漂流　是由盛行西风所维持的海流，它分别构成了南、北副热带环流的南缘和北缘，北太平洋的西风漂流又称为北太平洋海流；南太平洋的西风漂流是南极绕极流的表层部分，它从海面扩展到海底，是世界上最大的海流。北太平洋海流在接近美洲海岸时分成两支：南支形成加利福尼亚海流，北支转变为阿拉斯加海流。

东边界流　西风漂流的一部分沿着南、北美洲海岸向赤道方向运动，形成大洋东部的海流，即北太平洋的加利福尼亚海流和南太平洋的秘鲁海流，构成副热带环流的东翼，至此完成了环流的闭合循环。与西部边界流相比，太平洋东部边界流的特征是：流幅宽（约为1000千米）、深度浅（小于500米）、流速小（平均流速小于25厘米/秒），流量低［（10～25）×10^{6}米^3/秒］；海水来自中纬度海区，温度低；沿岸地区出现上升流现象，海水中营养盐丰富、生物产量高；在赤道信风带减弱西风加强时，赤道暖水越过南纬5°向南可到达秘鲁沿岸附近，这使许多不适应这种环境的鱼类大量逃走或死亡，造成秘鲁渔业严重减产。同时，伴有大雨洪水泛滥，给这个通常干旱的地区带来了灾难。当地居民把这种暖水入侵所引起的现象称之为"厄尔尼诺"。

深层环流和水团　太平洋表层水以下的水团，基本结构与各大洋相同，可分为上层水、中层水、深层水和底层水。

上层水　又可分为中央水、赤道水和亚极地水三种类型。中央水是在副热带辐聚带下沉形成的。它下沉到表层以下 200 ～ 300 米的深度上，向赤道方向散布。北太平洋中央水的盐度为 35.0，南太平洋的为 36.0。南、北中央水团之间为赤道水团。其范围在大洋东部从北纬 20° 到南纬 18° 之间，向西逐渐变窄，盐度值为 34.60 ～ 35.15。中央水团的高纬一侧为亚极地水。亚南极水由分布在副热带辐聚带和南极辐聚带之间的海水混合形成，盐度值为 34.20 ～ 34.40。大量的亚南极水沿着南美洲的西海岸北上，其影响可达赤道海区。亚北极水位于北纬 45° 以北，由亲潮水与黑潮水混合形成，盐度为 33.0 左右，海水由西向东运动，在美洲大陆西岸转向南，在北纬 23° 附近与赤道水相遇。赤道水和表层水之间有一强大的跃层，限制了海水的垂直交换。

中层水　位于太平洋上层水团之下，具有盐度最小值的特征，海水在中纬度海面下沉并向赤道方向扩展为两个低盐水舌。南极中层水团是海水在南极辐聚带下沉形成的，在源地处其温度值约 2.2℃，盐度值约 34.0，下沉到 800 ～ 1000 米的深度上向北流动，可达南纬 10° 附近，同时由于与其上下的水团混合，盐度值增大。北极中层水的势力与南极中层水的势力相当，可到达北纬 15° 附近。

深层水和底层水　在南极辐聚带以北，从 2000 米到海底的这一水层。温度为 1 ～ 3℃，盐度为 34.65 ～ 34.75，且盐度值随深度略有增加或者不变。这一特征是由于太平洋的深层水和底层水主要是来自大西洋造成的。高盐的大西洋深层水和南极底层水沿汤加 - 克马德克海脊的东侧进入太平洋，经萨摩亚群岛附近的水道（水深 4500 ～ 5000 米）进入北太平洋。在 2000 ～ 3000 米的深度上，有北太平洋水沿着西部边界向南流，通过南纬 28° 断面上向北的流量约为

20×10^6 米 ^{3}/秒，向南的流量约为 3×10^6 米 ^{3}/秒。而在西萨摩亚群岛附近的水道中观测到，大约在 3800 米以下海水向北流，800 米以上海水则向南运动。

水温和盐度　温度　太平洋表面水温分布随着纬度的增加而降低，最高值发生在赤道地区。特别是在西部，平均温度为 $27 \sim 29℃$，因此称为"赤道暖池区"。北半球冬季时，两个半球的 $0℃$ 等温线分别位于北纬 $55°$ 和南纬 $66° \sim 67°$ 附近，北半球夏季时，则分别位于北纬 $65° \sim 68°$ 和南纬 $60° \sim 62°$。在热带和副热带海区，大洋西部的水温高于东部；在北半球的中纬度海区，西部的水温比东部低，这主要是由于东西两边的洋流性质不同以及季风和上升流的影响。

太平洋的年平均表面水温为 $19℃$，较大西洋高 $2℃$，是世界上最温暖的大洋。这主要是太平洋的热带和副热带区域最广，以及白令海峡限制了北冰洋冷水的流入所致。

表层以下，在热带和副热带海区，大约在 $0 \sim 100$ 米的水层之内为一均匀层，向下温度随深度的增加迅速下降，这一温度垂直梯度很大的水层，称为"温度正跃层"。温跃层之下，温度随深度的增加逐渐减少，从 2000 米到洋底，温度几乎呈均匀状态；从副热带向极地，温度随深度增加缓慢地下降；在极地海区，从海面到海底，温度差不大。

盐度　表面盐度从赤道向两极呈马鞍形分布。赤道附近地区，表层海水被淡化，出现低盐区，盐度值为 34.5 左右。南、北副热带海区，蒸发作用使表面海水的盐度增加，这里成为南、北太平洋盐度值最高的区域，北太平洋的盐度值达 35.0，南太平洋达 36.0。从副热带向两极地区盐度值又减少。受融冰和结冰的影响，最低的盐度值发生在高纬度海区中，在北半球盐度值减小到 33.0 以下，南半球减小到 33.5 左右。在太平洋的边缘区域，受江河淡水的影响，盐度值也降低。表层以下盐度的垂直分布，取决于水团的配置，在不同的纬度带内有不同的盐度垂直结构。

海浪　受盛行风的影响，有明显的纬度区带性和季节性。冬季是北太平洋海浪最强的季节，在北纬40°附近的洋面上，大涌（≥6级，波高＞4米），出现的最大频率可达50%以上。向赤道方向减弱，在北纬15°以南，大浪少见，大涌出现率为5%左右。浪向：在北纬20°～25°以北，多为西和西北向，以南多为东北向。夏季，海浪大为减弱，除菲律宾群岛东北的局部洋面上，大涌出现率可达10%以上外，其余洋面约在5%以下，浪向：北纬45°以北，偏西或西南向较多。北纬45°以南，浪向较乱。

南纬40°～50°的洋面上，常年为大浪区。大涌出现率为30%～40%，向北逐渐减弱，赤道附近在5%以下。浪向：赤道至20°S的洋面上，多为东或东南向，从25°S向南，西南向居多。

潮汐　半日潮的主要分潮（M_2）共有6个无潮点，其位置从南而北，分别位于圣弗朗西斯科（旧金山）西面、科隆群岛（加拉帕戈斯群岛）西面、圣诞岛东南、所罗门群岛附近、复活节岛和新西兰东北。在这些点附近，振幅最小，而在阿拉斯加湾沿岸、南美洲南端沿岸和日本南面海域等处，振幅最大。全日潮的主要分潮（K_1）的无潮点共有4个，分别位于25°N、175°E，5°S、170°W，10°S、140°W 和 45°S、160°W 附近。K_1分潮的最大振幅发生在加拿大以西海域。

太平洋中各处的潮汐类型也不相同。在赤道与南纬40°之间的大部分地区，大洋中部的岛屿、巴拿马湾、阿拉斯加半岛、东海和澳大利亚东海岸为正规的半日潮，阿留申群岛东南、新几内亚（伊里安岛）东北岸、加罗林群岛等地为正规的日潮，其余地区都为混合潮。特别应当指出塔希提岛的潮汐现象，那里高潮几乎都发生在每天的午夜和中午，而低潮都发生在早晚六时，有太阳潮之称。太平洋中的潮差（岛屿附近除外）为1米左右，最大潮差发生在大陆岸边，如品仁纳湾为13.2米，仁川10米，杭州湾8米。

资源与交通

生物　浮游植物主要是单细胞的小型藻类，它们遍布于太平洋水深60～100米的近表层内。其数量随纬度和环绕大陆成带状分布，在热带和副热带海区数量较少，至温带海区增多，高纬度海区又减少；大洋区数量少，浅海地区数量多。另外，在上升流区和寒暖流交汇处浮游植物大量繁殖。热带和副热带海区浮游植物量虽然不如温带海区高，但种类比温带海区多。所以，太平洋中暖水种占优势，冷水种较少。现已知分布于太平洋的浮游植物有380余种，主要为硅藻、甲藻、金藻和蓝藻等。底栖植物由各种大型藻类和显花植物组成，大多附着在水深为30～50米的海底岩石上，较大西洋的底栖植物丰

富。大多数古老的藻类都生于太平洋中。

海洋动物包括浮游动物、游泳动物、底栖动物等，种类比大西洋的多2～3倍。太平洋热带海区动物种属特别丰富。由此向南和向北种属减少，例如马来群岛，已知鱼类有2000多种，东海有500多种，日本海约有600种，鄂霍次克海和白令海只有300余种。南极海域磷虾储量约有10亿吨以上，是未来世纪蛋白质的重要来源。

太平洋还有许多古老和特有的种属，如海胆纲的许多古代种属、剑尾鱼的原始种属、原始的海星和鹦鹉螺等。龙梭鱼、鲑科鱼类等为北太平洋海区特有种属。

太平洋的水产资源极为丰富。20世纪60年代中期以来，太平洋的渔获量一直居世界各大洋之首，其主要渔场有西太平洋渔场、秘鲁渔场和美国-加拿大西北沿海渔场。这里盛产鲱鱼、沙丁鱼、鲑鱼、比目鱼、金枪鱼、狭鳕、鳀鱼和带鱼等。除鱼类之外，白令海的

海豹，赤道附近的抹香鲸、堪察加及中美洲沿岸的蟹以及虾类、贝类等都极为丰富。

矿产　太平洋的矿产资源，其中最主要的是海底石油。其他正在进行勘探和开发的矿物有金、铂、金刚石、金红石、锆石、钛铁矿、锡、煤、铁、锰等。

在太平洋深海盆地上发现大量锰结核矿层，其分布范围、储藏量和品位都居各大洋之首。主要集中在夏威夷东南的广大海区。已有美国、日本、德国、法国和中国等进行勘探和试采，是极有前途的矿产资源。

交通运输　航运　太平洋在国际交通上具有重要地位。有许多条联系亚洲、大洋洲、北美洲和南美洲的重要海、空航线经过太平洋；东部的巴拿马运河和西南部的马六甲海峡，分别是通往大西洋和印度洋的捷径和世界主要航道。太平洋在世界海运中的地位仅次于大西洋，约占世界海运量的20%以上。海运的大宗货物是石油、矿石及谷物等。

太平洋沿岸港口众多，亚洲主要有符拉迪沃斯托克（海参崴）、釜山、大连、天津、上海、广州、香港、海防、新加坡、雅加达、东京、横滨、神户、大阪等；大洋洲有悉尼、惠灵顿等；南、北美洲有温哥华、西雅图、旧金山、洛杉矶、巴拿马城、瓜亚基尔等。太平洋中的一些岛屿是许多海、空航线的中继站，具有重要战略意义，如夏威夷群岛、中途岛、关岛、西萨摩亚群岛、斐济群岛等。

海底电缆　太平洋第一条海底电缆是 1902 年由英国敷设的，英国在太平洋的海底电缆共长 12 550 千米。1905 年美国在太平洋敷设的海底电缆共长 14 140 千米。从香港有海底电缆通往马尼拉、胡志明市和哥打基纳巴卢。在南美洲沿海各国之间也有海底电缆。

大西洋

地球第二大洋，位于欧洲、非洲和南、北美洲之间。北以冰岛－法罗岛海丘和威维尔－汤姆森海岭与北冰洋分界，南临南极洲，并与太平洋、印度洋南部水域相通，西南通过南美洲合恩角的西经67°16′线同太平洋分界，东南通过南非厄加勒斯角的东经20°线同印度洋为界。

大西洋（Atlantic）一词，源于希腊语，意谓希腊神话中擎天巨神阿特拉斯（Atlas）之海。按拉丁语，大西洋称为Mare Atlanticum，希腊语的拉丁化形式为Atlantis。

大西洋东西狭窄（赤道区域最短距离仅约2400多千米）；南北最长，约1.6万千米，呈S形。大西洋的面积，连同其附属海和南大洋部分水域在内（不计岛屿），约9165.5万平方千米，约占海洋总面积的25.4%。平均深度为3597米，最深处位于波多黎各海沟内，为9218米。

大西洋东西岸线大体平行。南部岸线平直，北部岸线曲折，并有众多的岛屿和半岛穿插分割，形成一系列边缘海、内海和海湾。如地中海、黑海、波罗的海、北海、比斯开湾、几内亚湾、加勒比海、墨西哥湾和圣劳伦斯湾等。注入大西洋的主要河流有圣劳伦斯河、密西西比河、奥里诺科河、亚马孙河、巴拉那河、刚果河、尼日尔河、卢瓦尔河、莱茵河、易北河以及注入地中海的尼罗河等。

大西洋中沿岸岛屿众多，开阔洋面上岛屿很少。岛屿总面积约107万平方千米，大体可分两类：一类是大陆岛，如大不列颠岛、爱尔兰岛、纽芬兰岛、大安的列斯群岛、小安的列斯群岛、加那利群岛及马尔维纳斯群岛（福克兰群岛）等；另一类是火山岛，在洋中部呈串珠状分布，如亚速尔群岛等。

著名海峡有沟通北海与大西洋的英吉利海峡（拉芒什海峡）、多佛尔海峡（加来海峡），沟通黑海、地中海与大西洋的博斯普鲁斯海峡、达达尼尔海峡和直布罗陀海峡，沟通波罗的海与北海的卡特加特海峡、厄勒海峡和大、小贝尔特海峡，沟通墨西哥湾与大西洋的佛罗里达海峡等。

　　地质地形　大西洋洋底可分为 4 个基本构造单元，即大陆边缘（面积约占大西洋总面积的 1/3，包括大陆架、大陆坡、大陆隆起）、过渡带（所占面积很小，包括岛弧、边缘海盆、海底高地及深海沟）、洋盆（面积约占 1/3，包括大洋盆地、洋底山脉或高地）和洋中脊（面积约占 1/5）。

　　洋中脊　又称为大西洋海岭。它北起冰岛，纵贯大西洋，南至布韦岛，然后转向东北与印度洋洋中脊相连。全长 1.7 万千米，宽约 1500～2000 千米，约占整个大洋宽度的 1/3。洋中脊由一系列平行岭脊（一般距海面 2500～3000米，脊峰突出海面部分形成岛屿）组成，岭脊高度从中轴向两侧逐级降低。岭脊之间则为宽 12～40 千米的裂谷，脊轴部的裂谷较宽（30～40 千米），称"中央裂谷"。中脊两翼一般都具有较陡峭的边缘和不甚规则的地形。大西洋中脊由无数横向断裂带切断并错开，这些与中脊走向近于垂直的横向断裂带（转换断层），在地形上表现为深切的线状槽沟。位于赤道附近的罗曼什断裂带，最深处罗曼什海沟深达 7856 米，将大西洋中的洋中脊切断并错开 1000 余千米，把整个大西洋海岭分为北大西洋海岭和南大西洋海岭两大部分。

　　由于洋中脊的中隔，大西洋底大致分为东西两列海盆。深度超过 6000 米的海盆，东列有加那利海盆、佛得角海盆和几内亚海盆；西列有北亚美利加海盆、巴西海盆和阿根廷海盆。此外，在南大西洋海岭南端布韦岛以南至南极大陆附近，还有一个较浅的大西洋—印度洋海盆，水深一般不超过 5500 米。

大陆架 面积约占大西洋总面积的 1/10。在不列颠群岛周围，包括整个北海，宽度常达 1000 千米，是世界海洋中最宽阔的大陆架区域之一。几内亚湾沿岸、巴西高原东北段、伊比利亚半岛西岸等处的大陆架都很窄，一般不超过 50 千米。

大陆坡 沿欧、非大陆架外缘的大陆坡比较陡峻，宽度仅 20～30 千米；美洲大陆架外侧的大陆坡比较平缓，宽度可达 50～90 千米。墨西哥湾海盆的西缘和阿根廷东侧的大陆坡，可从 100～200 米逐级递降至深 5000 米以上。大陆坡上还有上百条海底峡谷，尤以北美东侧大陆坡上最多。其形成与浊流冲刷有关，也有人认为可能是由构造作用形成的。格陵兰岛与拉布拉多半岛之间的中大西洋海底谷，是世界上最为著名的海底峡谷。在大陆坡坡麓，有坡度比较平缓的深海扇。有的是由断层、地震或巨大的风暴，使大陆边缘的疏松沉积物崩塌下滑堆积而成；有的则由河流带来的沉积物所组成。

大陆隆 大陆坡与海盆之间，常有地壳隆起分布，其坡度远比大陆坡为小。较显著的大陆隆起有格陵兰—冰岛隆起、冰岛—法罗岛隆起、布莱克隆起和马尔维纳斯隆起等。

岛弧和海沟 在大西洋中有两条岛弧带和深海沟。一条是由大、小安的列斯群岛组成的双列岛弧带和岛弧北侧的波多黎各海沟；另一条是在南美洲南端与南极洲南极半岛之间向东延伸的岛弧带（岛弧由南佐治亚岛、南桑威奇群岛和南奥克尼群岛等组成）及岛弧东缘的南桑威奇海沟。波多黎各海沟长约

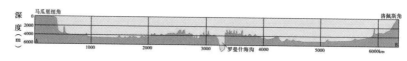

大西洋东西向洋底地形剖面

1550 千米，平均宽 120 千米，大西洋最深点就在这里。南桑威奇海沟长约 1450 千米，平均宽 70 千米，最大深度 8264 米。

海底沉积　大西洋底的沉积物一般分为大陆边缘沉积和深海沉积两大类。大陆边缘沉积分布相当广泛，覆盖面积约占大西洋洋底总面积的 25%。这类沉积主要由陆源碎屑物质和浅海生物残骸组成。在南极大陆架以及部分大陆坡上，有相当数量的冰成海洋沉积，冰岛附近的大陆架和亚速尔海台上还有火山灰分布。深海沉积分布于远离大陆的深水区域，覆盖面积约占洋底总面积的 74%。它是多种来源物质的复杂组合，一般以生物沉积（钙质软泥和硅质软泥）和多源沉积（红黏土）为主。钙质软泥的分布范围最广，其中绝大部分为有孔虫（钙质）软泥，多见于 3000～4000 米的深度上，翼足类（钙质）软泥仅见于热带 2500 米以浅的海域。硅质软泥以硅藻软泥为主，广泛分布于两极附近的洋底。放射虫（硅

质）软泥则仅见于安哥拉海盆的局部区域。多源沉积（红黏土）普遍见于 5000 米以深的深海盆地，其沉积速率通常每 1000 年 1～2 毫米。此外，在大西洋的深海沉积物中还常夹杂有粗粒径的陆源砂，这是由浊流从大陆边缘带来的。它们分布于大西洋的边缘区域。

形成和演化　大西洋底是由地壳张裂扩展而成。大西洋中脊的裂谷区则是洋底地壳受张力而下沉的狭窄地带。按照海底扩张说和板块构造说，大西洋是由 2 亿年前存在的一个泛大陆解体裂开而形成的。从大西洋中许多岛屿最古的岩石年龄来看，冰岛不超过 1000 万年，亚速尔群岛不早于 2000 万年，百慕大群岛为 3500 万年，佛得角群岛为 5000 万年，靠近非洲西岸的马西埃·恩圭马·比约岛（比奥科岛）和普林西比岛为 1.2 亿年。它表明离大西洋中脊愈远，岩石形成的时代愈早，年龄也愈古老。洋中脊附近的沉积层很薄、很年轻。远离中脊，沉积层增厚，年代也越古

017

老。现代大西洋开始形成的时期不早于中生代。

气候　大西洋的气候由于受大气环流、纬度、洋流性质以及海陆轮廓的影响，不仅南北差别较大，而且东西两侧也有明显的差异。北大西洋的气温比南大西洋高；大洋东、西两侧的气温有较大的差别。除南大西洋高纬区外，气温的年变幅都比较小。赤道海区终年高温（25～26℃），气温的年变化极小。在南、北纬20°之间的海域，相同纬度处的气温和年变幅都基本一致。在中、高纬度海域，北大西洋的气温一般比南大西洋同纬度的气温高出5～10℃，气温的年变幅也随纬度增高而递增。在南、北纬30°之间，大西洋东侧的平均气温一般比西侧低5℃左右。在北纬30°以北，情况则相反。在北纬60°附近，东侧比西侧气温约高出10℃；但在南纬30°以南，东、西两侧的气温差别不明显。

降水量以赤道地区为最多，年降水量为1500～2000毫米；在南、北纬35°～60°处为1000～1500毫米；在南、北纬15°～35°处为500～1000毫米。东部因受高压、离岸信风和寒流的影响，仅100～250毫米。南纬60°以南，年降水量一般只有100～250毫米。但在北纬60°以北，年降水量可达1000毫米左右。

大西洋的南、北两端分别有南极低压和冰岛低压；在这两个副极地低压以北和以南为副热带高压区，即南大西洋高压和亚速尔高压；赤道海区则为赤道低压。这种气压带分布的形势，确定了洋面各部分的盛行风系、云量、降水等分布。在两个副热带高压之间，常有吹向赤道低压带的气流，赤道以北形成东北信风，赤道以南为东南信风。它们在赤道附近汇合，产生强烈的上升气流，形成大量的对流性低云和降水。赤道海区风力微弱，有"赤道无风带"之称。副热带高压区是气流下沉区，云量少，降水不多。位于副热带高压与副极地低压之间的中高纬度海区，盛行西风。由于从低纬吹来的暖湿西风（或西南风）与从高纬吹来的干冷东风（或东北风）在这里相遇，因此西风带是极锋及温带气旋活动频繁的地带，也是大西洋中天气多变、降水较多的海域。在南纬40°～60°的洋面上，三大洋海域相互连通，风力很强，素有"咆哮西风带"之称。此外，在加勒比海和墨西哥湾海域，每当夏秋季节有从海洋吹向大陆的季风气流，并形成热带锋面气旋，常有飓风发生。

在大西洋的寒、暖流交汇区（如北大西洋的纽芬兰浅滩和南美洲拉普拉塔河口等）以及南大西洋上的"咆哮西风带"，常有浓密的海雾，是世界上著名的海上多雾区。非洲西南沿岸海区，因常有深层冷水上升，也常形成海雾。在佛得角群岛一带海面，由于东北信风从撒哈拉

沙漠吹刮来大量的粉沙，常形成似雾非雾的尘霾。

表层环流　在大气环流直接作用下，南北副热带海区各自形成一个巨大的反气旋型环流系统，北部为顺时针环流，南部为逆时针环流。在赤道和热带海区有一支赤道逆流，流向与南、北信风流相反，从而形成几个不太明显的热带反气旋型和热带气旋型环流。在北大西

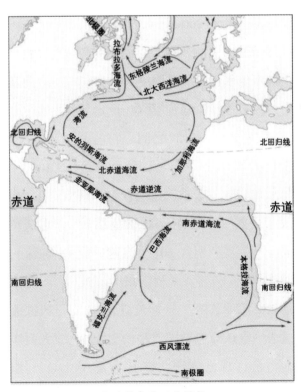

大西洋表层环流模式

洋中纬度海区和南大西洋高纬度海区，则各自形成一个完整的副极地气旋型环流。

赤道流系 大西洋赤道流由南、北信风的作用形成，并在赤道两侧自东向西流动。不过，它们的位置并不与赤道对称，南赤道流跨越赤道以北，势力较强；北赤道流位置偏北，强度较弱。南赤道流一般流速为 15 ～ 50 厘米 / 秒，最大可达 160 ～ 200 厘米 / 秒。赤道流的厚度约为 200 米，具有高温高盐的特性；同时，由于浮游生物较少，水体水色高，透明度大。

大西洋赤道逆流位于北纬 3°～ 5° 至 9°～ 12° 之间。它的范围比太平洋小，有明显的季节变化。在北半球冬季，范围较小，只限于西经 24° 以东，夏季范围较大，可扩展到西经 50°。流速一般约为 40 ～ 60 厘米 / 秒，最大流速达 150 厘米 / 秒，冬季流速较弱。过去一直认为赤道逆流是一支统一的海流，现已查明，它其实是在南、北赤道流之间的一个复杂的海流系统；并且在表层之下伴生有强大的次表层流。赤道流与赤道不对称的事实，显然与这支逆流的存在有关。

西边界流 赤道流到达大洋西部后，大部分沿着大陆的边缘向高纬流去，形成大西洋西部边界流。其中，北赤道流的南支和南赤道流的北支，在加勒比海汇合后进入墨西哥湾，使湾内出现大量的水体堆积，从而形成墨西哥湾流。

与北大西洋湾流相对应的南大西洋的边界流为巴西海流。它沿南美洲巴西海岸向南流去，最远可达南纬 35° 左右。一般流速约为 51 ～ 102 厘米 / 秒，厚度约 100 ～ 200 米。在南、北纬 40° 附近，由于盛行西风的作用，分别形成南北大致对应的大西洋西风漂流。

西风漂流 分南、北大西洋西风漂流。北大西洋西风漂流，即北大西洋海流，是湾流的延续体。

东边界流 西风漂流在北纬 50° 西经 20° 附近开始分成三支：

一支向东北流到北冰洋；南支沿比斯开湾南下；北支向西北，流到冰岛以南。北大西洋海流表层流速一般为 25 厘米 / 秒。由于它的暖水性质，对西欧和北欧的气候影响甚大。在南纬 40°～50° 一带，南大西洋西风漂流在强烈而稳定的西风作用下，形成环绕三大洋的风漂流，流速一般为 15～20 厘米 / 秒。南、北西风漂流在大洋东部，有一部分分别沿大陆西海岸流回低纬区，汇入南、北赤道流，完成南、北大西洋的两个大循环。大西洋东部边界流在北部的叫加那利海流，南部的叫本格拉海流。它们与西部边界流相比，流动缓慢、流幅宽广、厚度较薄。

在上述环流背景上还叠加有许多尺度较小的非稳态环流和大小不一的涡旋。

深层环流　大西洋赤道及其附近区域（大致在南纬 7° 至北纬 7°）的赤道表层流之下，有一强大的自西向东流动的次表层逆流系统。这一逆流系统由三支海流组成，南、北两支分别为大西洋南赤道次表层逆流和北赤道次表层逆流，中间最强大的一支为大西洋赤道潜流。在大洋的表层和深层中普遍存在着水平尺度为 100～200 千米级的中尺度涡旋，它们主要分布在北大西洋中部海域。在湾流之下，还存在有方向与表层流相反的深层流和近底层流，即深层"逆湾流"。表层环流的辐散区中常伴有显著的上升流。例如，西非沿岸和佛得角群岛附近海区以及南赤道流和巴西暖流的辐散区，都是大西洋中主要的深层水涌升区域。

水团　有北大西洋中央水、南大西洋中央水、北大西洋中层水、南极中层水、大西洋地中海水、北大西洋深层及底层水、南极绕极深层水和南极底层水。

在高纬度海区、南极大陆架上，特别是在威德尔海中，表层海水由于冷却和结冰，密度增大而不断下沉，到达海底形成范围广大而均匀的南极底层水。这个水团的温度最低可达 −1.95℃，盐度约 34.66。

向北可达大西洋的北纬40°。

在南极海区内，由于盛行西风漂流，其下界可达3000～4000米。因此，部分南极底层水可汇入西风漂流下部绕南极大陆流动，并与西风漂流北面的海水混合形成温、盐特征相对均匀的水团，称"南极绕极深层水"。它在向东运动的过程中逐渐下沉，不断地为印度洋和太平洋提供深层水和底层水。

北大西洋的深层水和底层水，形成于格陵兰岛周围海区，以及挪威海的深层水从冰岛—法罗群岛之间以及格陵兰—冰岛之间，越过海槛溢出，共同形成北大西洋深层及底层水。该水团在深、底层向南扩展，因其密度较小，始终叠置在南极底层水之上。在南纬50°附近的海区中，仍可发现这个水团的踪迹。

在南纬60°的极锋区，南极冬季表层水在这里辐合下沉，形成南极中层水，位于500～1000米的深度内向北扩展。可以穿越赤道至北纬25°附近。在北大西洋也存在一个辐合带（称"副北极辐合带"），但其界限不甚明显，往往呈不连续的斑块状。在这里下沉的海水形成了北大西洋中层水，其主体在300～1000米内向南扩展，与来自南极辐合带的南极中层水相汇。

在南、北大西洋的副热带海区，表层海水辐合下沉形成南大西洋（次表层）中央水和北大西洋（次表层）中央水。这两个水团的主体分别位于100～300米和100～500米的水层内向赤道扩展，并与其上下水层相混合而逐渐消失其源地的温、盐特征。

北大西洋的深层还有一个"外来"水团，源地为欧、非洲之间地中海，故称"大西洋深层地中海水"。该水团越过直布罗陀海峡的海槛，下沉至800～1500米深处，并在北大西洋的中央海区广泛散布。

由于大西洋在南、北高纬度区域同时具有形成深层水和底层水的源地，因此它的深层环流和水团散布过程比较发达，各深层的海水都具有较高的更新率。据放射性碳年代测定法分析估计，大西洋底层水的更新周期约为750年，相当于太平洋底层水更新周期的一半。

水温和盐度 大西洋表层海水温度的分布与气温分布类似，总的趋势是年平均表层水温自赤道向两极递减。赤道海区，年变幅较小，一般为1～3℃；副热带和温带，特别在北纬30°～50°和南纬30°～40°，表层水温的年变幅较大，约5～8℃；高纬度海区，表层水温的年变幅变小，其中近北极海区约4℃，南极海区约1℃。受大陆气候或寒、暖流锋面季节性变动影响的局部海区，表层水温的年变幅可达10℃以上。

受海面蒸发和降水的影响，表层海水的最高盐度出现于降水量较少而蒸发特别强盛的副热带海区。在北纬20°～30°，特别是亚速尔群岛西南的信风带内，表层盐度的年平均值高达37.9。南纬10°～20°的巴西近岸海区，年平均值也可达37.6。热带海区，降水量大于蒸发量，表层盐度随之下降。赤道海区，降到35.0左右。表层环流对盐度分布有明显影响。例如，湾流和北大西洋暖流将盐度约35.0的海水向高纬输送，而盐度低于34.0的北冰洋表层水却由拉布拉多寒流向南输送到纽芬兰岛附近。因此，北大西洋西侧的表层等盐度线几乎呈南北走向，水平梯度大。反之，在南纬45°以南的西风漂流区，表层海水的等盐度线几乎与纬圈平行。

大西洋深层海水的温度和盐度的变化，具有更明显的纬向分布特征。自200～500米深层往下，所有温、盐度都随深度的增加而变小，到5000米以下深度水层中几乎呈均匀状态。

海冰和冰山 大西洋的海冰形成于中、高纬度的附属海和近极地海区的冬季。北大西洋只在冬季靠近北美洲拉布拉多半岛边缘，才有海冰形成。在其他季节里，最常见的是格陵兰岛沿岸的山谷冰川滑入海中，然后随东格陵兰寒流和拉布拉多寒流南下的漂浮冰山。漂移范围常可达北纬 40° 附近，对北大西洋航线上的航运造成威胁。南大西洋的海冰形成于南极大陆近岸海区，而南极大陆，特别是威德尔海陆架上的陆缘冰，则是南大西洋冰山的发源地。南纬 55° 以南海面，全年都有浮冰和冰山，9—10 月，冰山可漂到南纬 40°～35° 附近。

潮汐　大西洋的潮汐多属半日潮。半日潮的主要分潮（M_2）的无潮点，分别位于冰岛东南和西南偏南、新斯科舍半岛西部、墨西哥湾、加勒比海、南美洲东南近岸和布韦岛附近等处。在这些点附近，振幅最小；而在巴芬湾、英吉利海峡、非洲西北岸、加勒比海南岸、南美洲东北岸和东南岸等处，振幅最大。

西欧沿岸为正规的半日潮，美洲中部东侧的加勒比海沿岸大部分为不正规半日潮，有的地方为不正规日潮；墨西哥湾沿岸，除东部为不正规半日潮外，其余均为正规日潮或不正规日潮。全日潮的主要分潮（K_1）的无潮点，分别位于新斯科舍半岛南部、亚速尔群岛西南、几内亚湾西南、火地岛北部近岸、非洲南部等地。在这些点附近，振幅最小；而在北美东岸、墨西哥湾东岸和火地岛北部沿岸振幅最大。

开阔大洋中的潮汐现象并不明显，潮差一般不到 1 米；但在近岸海区，特别是在狭窄的海湾或喇叭形河口区域，潮差就大得多。南美巴塔哥尼亚的格兰德湾平均潮差为 9.74 米；欧洲布列塔尼半岛的圣马洛湾为 10.58 米；英国南岸的布里斯托尔湾达 11.47 米；北美大陆和新斯科舍半岛之间的芬迪湾潮差最大，湾内的最大潮差可达 21 米。河口潮汐也比较显著。英国泰晤士河口的潮差约 6.3 米；南美亚马孙河口涨潮时潮水上溯而形成的涌潮，其壮观景象与中国钱塘江涌潮类似。此外，在一些狭窄的水道、海峡和峡湾区，潮汐涨落常会产生很强的潮流。例如，在挪威萨尔登峡湾和西尔斯达德峡湾间的海峡，即以强流著称，这里朔望大潮时的平均流速可高达 8 米／秒。

生物和矿产　*生物*　海洋底栖植物一般仅限于在水深浅于 100 米的近岸海区，其面积约占洋底总面积的 2%，以褐藻门、绿藻门和红藻门的一些种属以及咸水显花植物为多见。在高纬度海区，沿岸带底栖植物贫乏。在中纬度海区，底栖植物十分繁茂。沿岸带以褐藻类为主，在软泥沉积上还生长有相当数量的蓝藻。南大西洋的中、高纬度海区，底栖植物以褐藻类（特别是昆布属）最为丰富。热带海区水温甚高，底栖植物比较贫乏。此外，在北大西洋中部的马尾藻海，繁生有茂密的漂浮性褐藻——马尾藻。

浮游植物计有 240 多种，以硅藻、甲藻等占优势。在南、北大西洋的中纬度海区，硅藻数量最多，尤以西风漂流区最为集中。

动物种类组成以热带区最为多样，生物量则以中纬度区、近极地区和近岸区较高。在中、高纬度海区，哺乳动物以鲸和鳍脚目为主，鱼类则主要以鲱、鳕、鲈、鲽科为多见，浮游动物的优势种属有桡

足目浮游甲壳动物和相当数量的翼足类软体动物。温带海区主要有海豹、温肭兽、鲸、鲱、沙丁鱼、鳀鱼以及多种无脊椎动物。在热带海区中，代表性动物有抹香鲸、海龟、飞鱼、鲨、甲壳动物、珊瑚虫、钵水母、管水母和放射虫等种属。在北大西洋中部的马尾藻海，有许多栖息在海藻中的游泳和固着动物，现已发现有 50 余种鱼类和其他动物，如刺鲀、飞鱼、剑鱼、旗鱼、海龙、海马、鳀鱼、金枪鱼以及海鞘、海葵，还有一些苔藓动物。马尾藻海区还是欧洲和美洲鳗鱼的产卵场所。大西洋高纬度冷水区域（特别是南极海域），还生长有磷虾。大西洋的深海中，广泛分布有甲壳动物、棘皮动物、海绵动物、水螅和一些很特殊的深海鱼类。此外，在波多黎各海沟深部发现有一些特殊的环节动物和管海参；在罗曼什断裂带的深槽中还发现有若干种前所未知的植食性小型软体动物。

大西洋生物资源开发很早，渔

获量曾占世界大洋的首位，现在每年的渔获量，占世界海洋渔获总量的40%。就单位面积产量而论，仍然高于其他大洋。主要渔场有：大西洋东北海域，即北海、挪威海、冰岛周围，年捕鱼量占该大洋捕鱼量的45%左右；大西洋西北部海域，约占总捕鱼量的20%。其中纽芬兰、美国、加拿大东侧陆架海区，是世界上单产最高的渔场。此外，地中海、黑海、加勒比海、比斯开湾和安哥拉纳米比亚沿海，也是较重要的渔场。

大西洋海域的经济鱼类主要有鲱鱼、北鳕鱼、毛鳞鱼、长尾鳕鱼、比目鱼、金枪鱼、鲑鱼、马舌鲽鱼、海鲈鱼等，它们主要分布在陆架区。西欧和北美沿海区盛产牡蛎、贻贝、扇贝、螯虾和蟹类以及多种食用藻类。南极大陆附近海区盛产鲸和海豹（由于一些国家滥捕，已大量减少几近绝迹），磷虾已逐步开发。

矿产 石油、天然气、煤、铁、硫、重砂矿和锰结核等是大西洋主要的矿产资源。加勒比海、墨西哥湾、北海、几内亚湾是世界著名的海底油田和天然气田分布区。

英国、加拿大、西班牙、土耳其、保加利亚、意大利等国沿海海底都发现有煤的储藏。纽芬兰岛的大陆架海底和法国诺曼底海岸外都发现有丰富的铁矿。重砂矿分布比较广泛。现在，巴西对含有独居石、钛铁矿和锆石的重砂矿，美国对佛罗里达东海岸的锆石和金红石等都已开采。西南非洲南起开普敦、北至沃尔维斯湾约1600多千米的海底砂砾层，是世界著名的海洋金刚石产地。在几内亚湾和巴西两大陆架区金刚石也有发现。

锰结核在大西洋底总储量估计为1万亿吨左右，主要分布在北美海盆和阿根廷海盆底部。此外，开普海盆、巴西海盆和西欧海盆，在波罗的海、北海、黑海，甚至在北美五大湖底都有发现。

交通运输 大西洋是世界航运最发达的大洋，东、西分别经苏伊士运河及巴拿马运河沟通印度洋和太平洋。全年海轮均可通航，海运量占世界海运量的一半以上，并拥有世界海港总数的3/4。主要航线有欧洲与北美洲的北大西洋航线，欧、亚、大洋洲之间的远东航线，欧洲与墨西哥湾和加勒比海之间的中大西洋航线，欧洲与南美洲大西洋沿岸之间的南大西洋航线，从西欧沿非洲大西洋岸到开普敦的航线。

印度洋

地球上第三大洋，是地质年代最年轻的大洋，介于亚洲、南极洲、大洋洲和非洲之间，南部与太平洋和大西洋相通。西南以通过非洲南端厄加勒斯角的东经20°经线与大西洋为界，东南以通过塔斯马尼亚岛东南角至南极大陆的东经146°51′经线与太平洋为界。总面积为7617.4万平方千米，平均水深为3711米，最大深度为7450米（爪哇海沟）。鉴于南极绕极水域独特的水文特征，许多海洋学家主张把副热带辐合线以南的水域划为南大洋。

与太平洋和大西洋不同，印度洋水域北部封闭，南部开敞。北部岸线曲折，边缘海、内陆海和海峡较多。东、西、南三面与大洋洲、非洲和南极大陆接近，部分岸线平直。主要附属海和海湾有红海、阿拉伯海、波斯湾、孟加拉湾、安达曼海、阿拉弗拉海、帝汶海和大澳大利亚湾等。整个印度洋岛屿稀少，主要分布在西部洋区，大都为大陆岛。流入印度洋的河流也较少，著名的有恒河、布拉马普特拉河、印度河、伊洛瓦底江、赞比西河等。

公元前3000多年以前，东印度商人，在印度洋北部的航海活动已相当活跃。15世纪初期到30年代，中国航海家郑和曾7次到过印度洋，最远曾到达非洲的马达加斯加附近。19 世纪后期开始进行科学考察活动，20 世纪 60 年代以后，各种考察活动日益增多。

地质地形

地形　印度洋中央海岭由中印度洋海岭、西印度洋海岭和南极－澳大利亚海丘组成，呈"人"字形。中印度洋海岭为印度洋中央海岭的北分支，在查戈斯群岛附近被韦马断裂带所切割。在断裂带以北的一段海岭，称为"阿拉伯海－印度洋海岭（也称卡尔斯伯格海岭）"，其顶峰约在海平面以下1800 米。西印度洋海岭为印度洋中央海岭的西南分支，地势崎岖复杂，是世界大洋中唯一无明显地磁异常的洋中脊，但却有浅源地震发生。南极－澳大利亚海丘为印度洋中央海岭的东南分支，一般在海平面以下 4000 ～ 6000 米之间。

上述 3 支海岭把印度洋整个洋底分割成 3 大洋盆。每个大洋盆又被若干小海岭、海台、海隆和海山分割成大小不一的小洋盆。其地形以西部最为复杂。在马达加斯加岛的西北，为索马里海盆。该岛的东北为马斯克林海岭，从塞舌尔群岛到毛里求斯岛成弧形分布，其间有海底山、海台和洼地互相穿插。马达加斯加岛的南方，有马达加斯加海台，把洋底分隔成两个海盆，西南为纳塔尔海盆（莫桑比克海盆），东南为马达加斯加海盆。印度洋南部地形较简单。克罗泽海台和凯尔盖朗海岭把南部大洋盆分隔成 3 个海盆：中印度洋海盆、南极－阿非利加海盆和南极－澳大利亚海盆。海盆水深约 4500 ～ 5000 米。

东经九十度海岭（国际印度

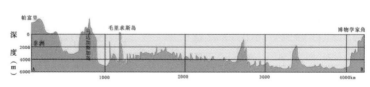

印度洋东西向洋底地形剖面

洋考察期间发现），北起北纬 10°，南至南纬 32°，长达 6000 多千米，离海面深度为 1800 ～ 3000 米，是迄今所发现的最长最直的海岭。它的西部为中印度洋海盆，东部为西澳大利亚海盆，东南部分布着若干小海岭、海隆和海台。

印度洋中央海岭被一系列断裂带所错开，如欧文断裂带，北自卡尔斯伯格海岭（阿拉伯海 - 印度洋海岭），南达索马里海盆；马达加斯加断裂带，横切西印度洋海岭，直伸马达加斯加海台。此外，还有一些小断裂带，如卡尔斯伯格海岭南端的韦马断裂带，南极 - 澳大利亚海丘上的阿姆斯特丹断裂带，对印度洋的地质构造、海底地形都有重要意义。这些断裂带往往形成一些深海沟，如韦马海沟、迪阿曼蒂海沟等。

在大洋的东北边缘，是巽他岛弧，由苏门答腊和爪哇诸岛组成，长达 5926 千米。在该岛弧的南侧伴有爪哇海沟，这是印度洋唯一最深的海沟。

印度洋地形的另一特点是北部的海、湾发育了世界上著名的大型冲积锥（深海扇）。孟加拉深海扇从恒河—布拉马普特拉河三角洲向南延伸达 2000 多千米，面积约 200 万平方千米，最大厚度达 12 千米，总体积达 500 万立方千米，为世界上最大的冲积锥。阿拉伯海的印度河冲积锥与孟加拉的冲积锥相似，但规模不及后者。这些冲积锥以陆源堆积物为主，这是由于中新世中期以来喜马拉雅山脉显著上升，为之提供了大量的堆积物。

海底沉积与地质史 海底沉积 大体可以分两种类型：一类为远洋性沉积，多分布于洋盆上。其中以钙质软泥范围最广，分布于北纬 20° 至南纬 40° 之间的赤道带，占印度洋总面积的 54%。红黏土分布于北纬 10° 至南纬 40° 间的东半部，离大陆和岛屿较远，占总面积的 25%；靠近赤道的某些地区，红黏土中含有放射虫软泥。在南纬 50° 以南的亚南极区域，主要为硅藻软泥，约占总面积的 20%。另一类为陆源性沉积、分布于大陆近海和岛屿附近的海区，其中以阿拉伯海和孟加拉湾的冲积锥（深海扇）最为典型。此外，印度洋西部多熔岩和火山灰沉积；绕极带多陆源冰碛物；西北部，多珊瑚礁，尤其在马尔代夫群岛和拉克沙群岛附近最多。

地质史 板块构造学说认为，印度洋的现代轮廓直到第四纪才形成。它的形成，经历了一个冈瓦纳古陆分离与特提斯海衰减的过程。大约在三叠纪以前，巨大的特提斯海楔入于北方的劳亚古陆和南方的冈瓦纳古陆之间。侏罗纪时，冈瓦纳古陆开始分裂，距今 1.6 亿～1.4 亿年间的晚侏罗世时，非洲、南极和澳大利亚之间出现洋中脊，特提斯海向西南方侵入，印度洋的雏形始形成。距今 1.0 亿～0.8 亿年的晚白垩世晚期，印度、马达加斯加岛与非洲分离。第三纪初，澳大利亚才与南极大陆分离。由此可知，在世界三个大洋中印度洋最年轻。

气 候

季风带 位于南纬 10° 以北。北半球夏半年（5—10 月），大气环流主要受南亚气旋的控制，赤道以北盛行西南风，以南盛行东南风。7 月平均风力为 8.0～10.7 米/秒，气温为 25～28℃。北半球冬半年（11—4 月）受亚欧大陆高压的影响，赤道以北盛行东北风，以南则为西北风。风力一般不超过 5.5～7.9 米/秒。气温，北部为 22℃；赤道及其以南的季风区，气温几乎保持不变。赤道区域多云，降水量充沛，以孟加拉湾东部、阿拉伯海东部和苏门答腊岛附近为最多。这一带夏季多阴雨，冬季天气多晴朗。阿拉伯半岛沿岸终年干旱少雨。

信风带 位于南纬 10°～30° 间。终年盛行东南信风，平均风力为 3.4～5.4 米/秒。热带气旋活动频繁，特别在 12—3 月间，常沿西、西南及东南方向移动，以马达加斯加岛和毛里求斯附近出现次数最多，每年平均约 8 次。北部气温终年较高，冬夏相差不大。南纬30°附近，2月为22～24℃，7月为18～20℃，西部比东部更高些。年降水量在500～1000毫米之间，由南向北增加，马达加斯加岛东岸可达2000毫米。索马里沿岸则干旱少雨。

副热带和温带　位于南纬30°～45°之间。主要受南纬35°附近南印度洋反气旋的影响，北部风力微弱多变，南部处于西风带边缘，盛行西风。南北气温差十分显著，平均气温，由北而南，2月从24℃降至10℃，7月从20℃降至6℃。年降水量1000毫米左右。

西风带　位于南纬45°以南的亚南极和南极地区。大气环流受南极低压带和副热带高压的相互作用，终年盛行稳定而强劲的西风，风力常在20米／秒以上。平均气温随纬度变化较明显，由北向南递降。年降水量也由北向南递减。

水文特征

表层环流　北部因受季风的变换，存在着独特的季风环流。南部与大西洋相似，终年存在着一个反气旋式的南副热带环流。

季风环流　在东北季风盛行季节（11—3月），南纬10°以北，出现一个主要由北赤道流和赤道逆流构成的逆时针方向的东北季风流。印度洋北赤道流自苏门答腊和马来半岛附近向西，经斯里兰卡之南，一直流向非洲海岸。流速以2月最强，在斯里兰卡南方和阿拉伯海南部，最大流速可达100厘米／秒以上。流至索马里近岸时，北赤道流转向西南，越过赤道又转向东，同南赤道流北上的分支相汇合，成为赤道逆流。印度洋赤道逆流的流速，在东经70°附近为85厘米／秒，往东逐渐减小。到东经90°附近，赤道逆流分成两支：较大一支中有的转向东南，形成爪哇沿岸流，有的转向西南，加入印度洋南赤道流。另一支则转向东北，重新加入北赤道流，构成了逆时针方向的东北季风环流。4月以后，西南季风兴起。5月，南纬10°

以北的洋面，几乎都为西南季风流控制。流速以 7 月最大，斯里兰卡南方，一般流速为 50～100 厘米/秒，最大可达 150～200 厘米/秒。由此往东，流速渐减，到苏门答腊附近，越过赤道向南汇入印度洋南赤道流。西南季风流，南赤道流的一部分和索马里海流组成了夏季北印度洋强大的环流。它比冬季的东北季风环流流速大，持续时间长，一直可到 9 月以后。作为北部季风环流的一环，索马里海流是南赤道流的延续，是西向强化的西部边界流，其性质与大西洋的湾流、太平洋的黑潮类似。它始于南纬 10° 附近，紧贴东非海岸北流，直至北纬 8° 30′～11° 间才转向东，全程约 1852 千米。它以流速强、厚度大著称。流速从南向北逐渐增大，在北纬 1° 附近为 200 厘米/秒，北纬 4° 30′ 附近为 300 厘米/秒，在北纬 8° 近岸处可达 350 厘米/秒。北印度洋的环流，西南季风（或东北季风）时并非全为大尺度的反气旋式（或气旋式）环流，而是含有一系列中、小尺度的气旋式和反气旋式涡旋，尤以季风转换期间为甚。

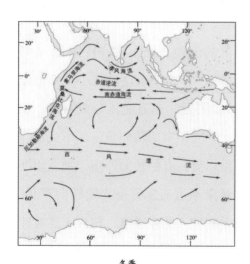

冬季

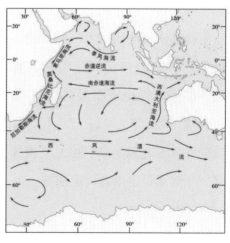

夏季

印度洋表层环流模式

南副热带环流　由南赤道流、厄加勒斯海流，部分西风漂流和西澳大利亚海流组成的反气旋型大环流。印度洋南赤道流是由南纬10°以南相对稳定的东南信风所形成的风生漂流。它源自澳大利亚和爪哇之间海区，自东向西沿南纬8°～20°间流动。平均流速为25～30厘米/秒。冬季流速最大，约为50厘米/秒。到马达加斯加岛附近分成两支。南支沿该岛东岸南下，为马达加斯加海流，平均流速为25～30厘米/秒；北分支绕过该岛北端向西，流速增大，到德尔加杜角附近又分为两支：一支沿非洲海岸北上，为桑给巴尔海流。另一支沿非洲海岸南下，为莫桑比克海流。沿马达加斯加岛东岸南下的马达加斯加海流，经莫桑比克海峡南口，在非洲近岸与莫桑比克海流会合，成为著名的厄加勒斯海流。它是南印度洋的西部边界流，具有流速大、流幅窄和厚度大的特点。其厚度可达2000～2500米。一般流速为100厘米/秒，最大流速出现于厄加勒斯浅滩的陆坡附近，可达150～200厘米/秒，使南极传来的涌浪波高成倍增长。由于这儿流急浪高，海难事故经常发生。海流经过此浅滩后，小部分流入大西洋，大部分向东南作"U"形急转弯，形成厄加勒斯回流，并与西风漂流会合。由于这两支海流水温相差甚大，致使这一会合点成为南印度洋副热带辐合带水文锋面的"源头"。

西风漂流到达东经90°～105°后，一部分逐渐转向东北，沿澳大利亚西岸近海北上，成为西澳大利亚海流（流速为20～35厘米/秒），然后流归南赤道流，从而构成南印度洋副热带反气旋型大循环。南印度洋的副热带环流西部边界流流速大，流幅狭窄，而东部边界流流速小，流幅范围不明确。这与南印度洋东岸未形成完全闭合的地形有关。

在印度洋的季风环流和南副热带环流之间，形成一个显著的水文化学锋面。有一低盐水舌自帝汶海

沿南纬 10° 伸向马达加斯加北端，把副热带环流的低营养盐、高氧海水与季风环流的高营养盐、低氧海水分隔开来。

深层流　印度洋赤道潜流（深层流）在赤道的次表层水中由西向东流动。流速为 50 ～ 60 厘米 / 秒，流轴位于 40 ～ 300 米水层。最大流速为 80 厘米 / 秒，出现于 100 米水层。它与太平洋和大西洋中的赤道潜流有所不同，并非终年存在，只在东北季风期（北半球冬季）出现，而在西南季风期（北半球夏季）则不明显。

水团　20 世纪 60 年代以来研究结果表明，印度洋水团除表层（0 ～ 100 米）以外，可分为次表层水、中层水、深层水和底层水。次表层水、中层水和底层水都由南向北运移，而深层水却由北向南运移，以资补偿。

副热带次表层水　印度洋副热带次表层水是由副热带辐合带的表层水下沉而形成的。它沿 100 ～ 800 米水层向北伸展，温、盐特征值分别为 8 ～ 15℃、34.6 ～ 35.5，到南纬 10° 附近与在它上面的南赤道次表层水相混合。南赤道次表层水由热带和副热带表层水混合下沉，向北往赤道扩散形成的，所在深度和范围无明显的边界。因不断与红海高盐水及沿岸低盐水相混合，使其盐度特征值的范围广于中央水团，约在 34.9 ～ 35.25 之间，温度约为 4 ～ 18℃。

亚南极中层水　印度洋亚南极中层水形成于副热带辐合带与南极辐合带之间，由亚南极表层水混合下沉而成，具有低盐（34.2 ～ 34.5）、低温（3.4 ～ 4.0 ℃）、高氧的特性。最初所在深度为 200 ～ 700 米，向北达南纬 35° 附近下沉到 800 ～ 1500 米，到南纬 10° 附近又上升到 500 ～ 900 米，并与迎面楔入其下的北印度洋次表层高盐水相混合，逐渐失去其原有的低盐特性，盐度增为 34.75。北印度洋次表层高盐水（也称红海水），源自红海及阿曼湾，分 5 路

向南扩散，几乎遍及南纬10°以北印度洋的次表层（100～1200米），在赤道以北甚至可深达2000～2500米，它的温、盐特征值分别为8～4℃、35.9～35.0。

深层水　印度洋深层水由几支水组成。作为上、中层水和底层水北流补偿流的北印度洋深层水，是由阿拉伯海的红海水下沉混合而形成的。它呈楔形切入于副热带次表层水和亚南极中层水之下，并以相反方向由北往南流动，沿途不断下沉，随着与周围水不断混合而逐渐降温、减盐。在索马里的瓜达富伊角附近，位于1000～1500米的深度时，温度为4～8℃，盐度为35.0～35.9，至赤道附近，下沉到2000～2500米。在南纬10°以南，成为高盐（34.8～35.5）高温（2.5～10℃）、低氧（0.4～3.5毫升/升）水。至南纬10°～16°间，与亚南极中层水和南极底层水相混合，成为南印度洋深层水，温、盐特征值分别为1.5～1.7℃，34.72～34.76。它继续向南伸展，

至南纬35°附近，与绕极深层水合流。绕极深层水是由南大西洋流入印度洋的，并沿南纬35°～65°处向东流入太平洋。此外，还有北大西洋深层水，由大西洋经非洲南方，从2500～3000米的深层流入印度洋，并伴随着绕极深层水向东流。其北侧约在南纬35°附近，与南印度洋深层水相混合，它的温、盐特征值分别为1.0～2.5℃，34.72～34.86。

南极底层水　印度洋南极底层水形成于南半球冬季南极大陆坡处，由水温达冰点的南极表层水和绕极深层水混合下沉而成。具低温（-0.9～0℃）、低盐（34.66～34.69）、高氧（6.8～5.3毫升/升）的特性。

温度和盐度　表层水温的分布随季节而不同。冬季（以2月为季度月），赤道附近为均匀的高温带，从非洲东岸到苏门答腊，经爪哇南岸到澳大利亚以北海区，水温都高于28℃，最高达29℃。但阿拉伯海和孟加拉湾水温却较低，尤其是

波斯湾和亚丁湾水温仅 20 ~ 24℃。在南纬 15°~ 35°间，由于受南副热带环流的支配，在东经 100°以西洋区，等温线呈东北东走向，在同一纬度上，水温西部高于东部；东经 100°以东等温线转为东南东走向。南纬 35°~ 50°之间的区域，是中纬度水向南极水的过渡带，等温线几乎与纬线平行，温度水平梯度最大，纬度每增加 1°，水温约降 1℃。夏季（北半球），热赤道北移，北部普遍增温。除索马里、阿拉伯沿岸受上升流影响，100 ~ 200 米层的冷水涌升到海面，使表层海水出现"冷水斑块"，水温低于 22℃外，8 月水温几乎都在 28℃以上；红海、波斯湾可达 34℃。赤道以南的广大洋区，仍保持着冬季的特征。唯在南纬 20°~ 40°之间水温普遍比冬季低 5℃左右。水温的垂直分布主要取决于水团的垂直结构。在 0 ~ 1500 米间各层，水温随深度递减较快，2000 米处为 2.5 ~ 3.0℃，2000 米以深，水温几乎不变。

表层盐度的分布各处不尽相同。在澳大利亚以西，有一东西向的椭圆形高盐区，盐度大于 36.0。由此往南，盐度随纬度增高而递减，等盐线几乎与纬线平行。从加尔各答、印度尼西亚近海至澳大利亚以北水域，是多雨地带，大片表层低盐（30 ~ 35）水，随南赤道流沿南纬 10°向西伸展，直至马达加斯加岛的东北，形成东北印度洋三角形低盐区。孟加拉湾北部因降水、径流都很大，盐度最低（小于 31.0）；反之，阿拉伯海因蒸发量大，降水少、盐度高，一般在 36.5 以上，红海盐度可高达 42.0，是世界上盐度最高的海域。这一高盐水不断南移并楔入下沉，致使南纬 20°以北的次表层水出现高盐核（35.0 以上）。南极低盐水向北运移并混合下沉，800 ~ 1000 米层出现低盐核，并向赤道伸展。2000 米以深，盐度几乎不变。

溶解氧含量以表层为最高，尤其在低温的南极水域，可高达 7.5 毫升 / 升。随着亚南极中层水的下沉而向北输送，至南赤道流的100～300米层时，达最低，不超过2.5毫升/升。阿拉伯海溶解氧以次表层为最低，有些地区100～300米层的氧含量几乎为零。

营养盐以南极的表层水为最高。磷、硅和硝酸盐含量分别为1.5～1.9、35～70和110～220微克原子/升。由南极往北逐渐减低，赤道附近磷酸盐仅0.2～0.1微克原子/升。表层以下营养盐随深度而增高，磷酸盐以1000～1500米层为最高，硅酸盐以底层为最高，硝酸盐则以西部南纬12°附近的北印度洋深层水为最高，其最高值分别在2.6、110～190和320微克原子/升。亚硝酸盐只存在于表层，并以亚南极区的上层水为最高，达8～10微克原子/升。

海浪 可分季风区、信风区和西风带3个区。季风区海浪冬小夏大，东北季风时，平均波高仅1米；西南季风时，2米以上波高的频率为45%，6米以上大浪的频率为10%；信风区，多小浪和中浪，波高在2.1米以下的频率达80%；西风带，多大浪，2.1～6米的波高频率达50%，6米以上的大浪频率达17%，在印度洋南部的凯尔盖朗群岛附近可见到15米波高的大浪。

潮汐 半日潮的主要分潮（M_2），在印度半岛之南和澳大利亚西南处各有两个无潮点，在孟加拉湾—查戈斯群岛—克罗泽群岛的连线附近，同潮时线最密集，振幅最小；阿拉伯海和澳大利亚以南洋区，振幅最大。印度洋的潮汐类型可分4类：孟加拉湾、查戈斯群岛、莫桑比克、克罗泽群岛附近洋区和澳大利亚西北近岸为规则半日潮；阿拉伯海、苏门答腊和爪哇岛近岸，均为不规则半日潮；澳大利亚西南近海为规则全日潮；澳大利亚的西和南岸近海，为不规则全日潮。在开阔的大洋中部，潮汐不显著。从马尔代夫群岛到克罗泽群岛一带，潮差最小，平均不到0.4米。从此往大陆方向，潮差逐渐增大。沿岸区域，潮差以澳大利亚西北岸为最大，达尔文港为 8 米，金斯湾可达 10～12 米；孟加拉湾北岸次之，仰光为 7 米；莫桑比克海峡西岸和阿拉伯海东北岸再次之，一般为 3～4 米；澳大利亚西南岸，潮差最小，弗里曼特尔平均潮差仅 0.5 米。

自然资源和交通运输

生物　印度洋共有 37 种浮游植物，其中硅藻 29 种，甲藻 7 种，蓝藻 1 种，后者是印度洋特有的。浮游植物主要密集于上升流显著的阿拉伯半岛沿岸和非洲沿岸，生物量每升在 10 万个以上。赤道流域和阿拉伯海生物量更多，每升可达几十万个。但在南副热带环流区域和孟加拉湾中部，浮游植物生物量最低，每升一般不超过 5000 个。西风漂流以南区域每升则介于 1 万～10 万个之间。

浮游动物以桡足类甲壳动物为主，约占 70% 以上。此外，还有介形类甲壳动物、毛颚动物、磷虾类、有壳翼足类、有尾类和其他种类。主要密集于阿拉伯海西北部，尤其在索马里和沙特阿拉伯沿岸，平均生物量为 54.7 毫升 / 米 ^{3}。生物量的季节变化十分显著，西南季风时，在索马里近海、阿曼湾和印度喀拉拉邦沿岸出现 3 个密集区，生物量都达 50～60 毫升 / 网（用印度洋标准网）。东北季风时，阿曼湾密集区移向阿拉伯沿岸，另外两密集区则消失。其他区域浮游动物生物量，一般不超过 15 毫升 / 网。

底栖生物，深水区以多毛类环节动物为主，占 50%；异足类和等足类甲壳动物次之，占 10%。浅水区，甲壳动物几乎与多毛类环节动物相等，各占 25%。底栖生物量，温带多于热带，近岸多于大洋，以阿拉伯海北部沿岸为最多，一般为 35 克 / 米 ^{3}，最多可达 500 克 / 米 ^{3} 以上，为印度洋的最高值。往南逐渐减少，莫桑比克海峡和印度半岛南部沿海水域，为 3～5 克 / 米 ^{3}，澳大利亚西部陆架近海为 2.6～15

克/米³。在赤道以南的热带区域，底栖生物量最少，平均为 0.04 克/米³。在南纬 30° 以南，生物量又有所增加。

印度洋广阔的陆架浅海，是生物资源的主要富集地。据估计，生物资源潜力为 1500 万吨。印度洋的热带近海鱼类有 3000～4000 种，深海鱼、鲲鱼、鲔鱼和虾主要产于饲料富集的印度半岛两岸水域、孟加拉湾和与太平洋交界的马六甲海峡。其中沙丁鱼以阿拉伯海西部最多，鲨鱼多分布于印度洋西部。对金枪鱼、虾、底层鱼类的捕捞有很大发展。

矿产　印度洋矿产资源丰富，特别是海底油气资源。据统计，印度洋油气年产量约占世界海洋油气总产量的 40%。自 1951 年发现波斯湾海底石油以来，已开发了科威特、沙特阿拉伯和澳大利亚巴斯海峡等地的海底石油。后又发现了苏伊士湾、库奇湾、坎贝湾、孟加拉湾、安达曼海湾、澳大利亚西北岸、帝汶、毛里求斯和南非大陆架等很有前景的海洋石油储藏。

锰结核在 4000～6000 米深的洋底，分布很广，形成坚硬的覆盖层。但印度洋锰结核中的锰含量低于大西洋和太平洋。

在印度洋边缘滨海有岸滩砂矿、沉积矿床、鸟粪和磷灰岩。斯里兰卡东北和印度西南沿岸的砂矿中，均含有钛铁矿、金红石、锆石、磁铁矿和独居石。此外，在印度和澳大利亚大陆架、印度尼西亚西南水下山脉顶部发现的磷块结构物，南非近岸开采的富钾肥海绿石，缅甸、印度尼西亚和泰国大陆架的锡矿，都是蕴藏量丰富的矿藏资源。在红海发现富含多种金属的软泥。

交通运输　印度洋是贯通亚洲、非洲、大洋洲的交通要道。东西分别经马六甲海峡和苏伊士运河通太平洋及大西洋。往西南绕过非洲南端可达大西洋。海运量约占世界海运量的 10% 以上，以石油运输为主。航线主要有亚、欧航线和南亚、东南亚、东非、大洋洲之间的航线。印度洋的海底电缆网多分布在北部，重要的线路有亚丁—孟买—金奈—新加坡线；亚丁—科伦坡线；东非沿岸线。塞舌尔群岛的马埃岛、毛里求斯岛和科科斯群岛是主要海底电缆枢纽站。沿岸港口终年不冻，四季通航。

北冰洋

以北极为中心，广布有常年不化的冰盖的大洋。因主要位于北极地区，面积较小，又名北极海。位于地球最北端，为亚洲、欧洲和北美洲所环抱。在亚洲与北美洲之间有白令海峡通太平洋，在欧洲与北美洲之间以冰岛－法罗岛海丘和威维尔－汤姆森海岭与大西洋分界，有丹麦海峡及史密斯海峡与大西洋相连。

北冰洋（Arctic）名字源于希腊语，意即正对大熊星座的海洋。1650 年，德国地理学家 B. 瓦伦纽斯首先把它划成独立的海洋，称大北洋；1845 年伦敦地理学会命名为北冰洋。由于气候严寒，冰层覆盖，调查困难，直到 20 世纪 30 年代以后才陆续在冰上建立科学考察站，开展一些较系统的调查。由于北冰洋对全球气候有重要影响，各种考察和调查接踵而来，中国也先后派出调查队和"雪龙"号科考船进行水文气象研究。

在世界大洋中北冰洋是最小的大洋，也是最浅的大洋。面积约为 1475 万平方千米，约占世界海洋面积的 4.1%，不及太平洋面积的 1/12。平均水深 1225 米，最大水深 5527 米（在格陵兰海东北）。

北冰洋海岸线曲折，岛屿众多。有宽阔的大陆架和许多浅而大的边缘海：在欧亚大陆沿岸的有挪威海、巴伦支海、喀拉海、拉普捷夫海、东西伯利亚海和楚科奇海等；北美洲沿岸的有波弗特海，格陵兰岛之东的格陵兰海。北冰洋岛屿众多，分布在大陆架处，其数量仅次于太平洋。流入北冰洋的主要河流有鄂毕河、叶尼塞河、勒拿河和马更些河等。

地质地形　北冰洋略呈椭圆形，沿其短轴方向，有一系列长条形的海岭和海盆。主要海岭有三条：阿尔法海岭、罗蒙诺索夫海岭和北冰洋中脊。罗蒙诺索夫海岭大致从新西伯利亚群岛穿过北极附近，延伸至格陵兰岛北岸，岭脊距海面1000～2000米。它可能是从亚欧大陆边缘分裂出来的无震海岭；阿尔法海岭（即门捷列夫海岭）从亚洲一侧的弗兰格尔岛起延伸至格陵兰岛一侧的埃尔斯米尔岛附近，与罗蒙诺索夫海岭汇合；北冰洋中脊（又称南森海岭）位于罗蒙诺索夫海岭另一侧，它起自勒拿河口到格陵兰岛北侧，与穿过冰岛而来的北大西洋海岭连接。长约2000千米，宽约200千米。中脊上有裂谷发育，有平行于轴向延伸的磁异常条带，还有垂直于轴向的横向断裂带。

三条海岭把北冰洋北欧海域划分为挪威海盆和格陵兰海盆；靠亚欧大陆一侧的为欧亚海盆，一般深4000米，最大深度位于斯瓦尔巴群岛以北，也是北冰洋最大水深处；靠北美洲一侧的为加拿大海盆。位于罗蒙诺索夫和阿尔法两海岭之间的是马卡罗夫海盆。此外，北冰洋大陆边缘还被许多海底峡谷所分割，其中最大的是斯瓦太亚·安娜峡谷，位于喀拉海北部，长度超过500千米。

北冰洋海底大陆架非常广阔，面积约为440万平方千米，占整个北冰洋面积的1/3（其他三大洋大陆架面积，都不到本大洋的1/10）。深海区在整个大洋中所占的比例，远小于其他三大洋。在亚欧大陆以北，大陆架从海岸一直延伸1000千米左右，最宽处可达1200～1300千米；在阿拉斯加以北，大陆架比较狭窄，只20～30千米。

中央深海区海底沉积物主要是棕色和深棕色泥，在罗蒙诺索夫

海岭发现砂质泥。大陆架覆盖着陆源沉积物：粗砂、细砂和砂质淤泥。沉积速度在北冰洋中央区为1.3～2.0厘米/千年，陆架区约4.5厘米/千年。

北冰洋四周为被动大陆边缘，缺乏强烈的地震和火山活动。宽阔的大陆架属于周缘大陆的自然延伸，具大陆地壳结构。深海盆地则主要由大洋地壳组成。地震活动频繁的北冰洋中脊纵贯欧亚海盆中部，欧亚海盆是古新世晚期以来沿北冰洋中脊海底扩张的产物。磁测资料表明，马卡罗夫海盆可能是白垩纪晚期至新生代初期扩张形成的；加拿大海盆的年龄更老，可能是中生代晚期海底扩张的产物。阿尔法海岭具有大陆地壳结构，即类似于罗蒙诺索夫海岭，而不同于北冰洋中脊。

气候　因地处高纬区，全年得到的太阳辐射较少，夏季冰雪融化又要消耗大量热量，所以平均气温要比地球上其他区域（南极除外）低得多。冬季，极区附近极夜期长达179天，最冷月份（1—3月）平均气温约为-40℃，近海区为-30℃，最低温度为-53℃。夏季，极昼期则长达186天，最暖月份（7—8月）平均气温在极地附近为0℃，沿岸地区可达5～9℃，有时甚至在极地区域亦可增至2℃。云雾天多是北冰洋夏季最典型的天气。疾风（15米/秒以上）很少，月平均风速为4～6米/秒。边缘地区常发生暴风雪，尤其在冷暖气团交汇处。北极上空常年被反气旋控制，冬天在西伯利亚上空发展成为强大的反气旋活动中心，在西伯利亚和极地反气旋之间，形成了由西向东延伸的低压槽，不断把从大西洋来的暖湿空气带到北冰洋腹地；同时由于大西洋暖流的延伸，北极寒冷气候有所缓和。因此，北半球的绝对冷源不在极地，而在亚洲大陆的维尔霍扬斯克。整个洋区降水形式终年为雪，降水量比蒸发量要大10倍。年降水量75～200毫米，格陵兰海可达500毫米。

水文特征　大部分水域的表层

覆盖着冰雪，是水文上突出的特点。

环流　在北冰洋表层环流中起主要作用的是大西洋海流的支流西斯匹次卑尔根海流。这支海流从格陵兰岛和斯瓦尔巴群岛之间的东部，进入北冰洋。它是高盐暖水，在斯瓦尔巴群岛以北下沉，形成了位于200～600米深度上的暖水层，并沿北冰洋陆架边缘作逆时针方向运动，它的某些支流则进入附近的边缘海；从楚科奇海穿过中央洋区到弗拉马海峡有一支越极海流流过格陵兰海，并入东格陵兰海流，夹有大量浮冰流入大西洋。该流系的流速开始只有2～3厘米/秒，但越过极地后，流速逐渐增至8～10厘米/秒。北冰洋是北半球海洋中寒流的主要发源地，其冷水主要通过拉布拉多海流和格陵兰海流注入

大西洋。此外，在加拿大海盆表层还有一反气旋型环流，流速只有2厘米/秒，仅在阿拉斯加北部流速增至5～10厘米/秒。

北冰洋和外界的水交换，主要经过格陵兰岛和斯瓦尔巴群岛之间的通道进行。大西洋海水从该通道东部的深层流入北冰洋，占全洋区流入总量的78%。通过白令海峡进入北冰洋的水量，约占流入总量的20%。北冰洋水从格陵兰岛和斯瓦尔巴群岛之间的

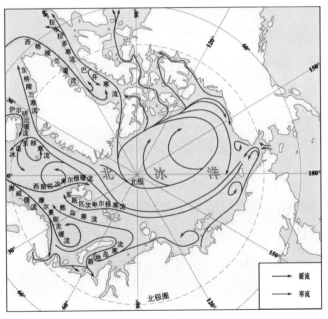

北冰洋表层环流

通道在表层流出，约占总流出水量的83%（包括2%的流冰量）。而通过加拿大北极群岛间海峡流出的水量，约占总流出水量的17%。因此，进入北冰洋的更新水约为流入总量的2%。故对极地海域的水文状况影响不大。

水团　有北冰洋表层水，大西洋中层水，太平洋中层水和北冰洋底层水。北冰洋表层水位于水深200米以内的上层，从夏到冬，盐度由28.0增加到32.0，水温则从-1.4℃降到-1.7℃。夏季融冰时节，除局部地区无冰外，低盐暖水往往在多年冰盖下形成不到1米厚的淡水层，水温则接近冰点；冬季此淡水层又重新结冰。在30～50米水层内，温度、盐度在垂直方向上相对均匀。50米层以深，盐度随深度急剧增加。在欧亚海盆100米深层和美亚海盆150米深层，水温开始升高。100米处温度低于-1.5℃，而后逐渐增加，到200米处可达0℃。大西洋中层水，位于200～900米水深处，是

进入北冰洋相对高温、高盐的大西洋水，逐渐冷却后形成的。盐度变化在34.5～35.0之间，最低温度为0.5～0.6℃。太平洋中层水，位于美亚扇形区，是太平洋入侵的暖而淡的水与当地冷而咸的水在楚科奇海互相混合后形成的，并楔入加拿大水域；盐度为31.5～33.0，温度为-0.5～0.7℃。北冰洋底层水，位于大西洋中层水之下直到洋底，具有几乎不变的盐度（34.93～34.99）和温度。但欧亚海盆的底层水温要比美亚海盆的低，前者为-0.7～0.8℃，后者为-0.3～-0.4℃，这是由于两个海盆被海岭所隔，深层水流动受阻之故。

潮汐　主要是由大西洋潮波的传入引起的。沿海岸一带为不正规的半日潮，大部分潮高不到1米。在约坎加湾，可以看到6.1米的高潮。

海冰　大部分海域为平均约厚3米的冰层所覆盖。根据洋底沉积物的分析，这里的海冰已持续存

在了 300 万年。大部分海区，尤其是高于北纬 75° 的洋区，存在着永久性的冰盖。冰的总面积，冬季为 1000 万～1100 万平方千米，夏季为 750 万～800 万平方千米。北纬 60°～75° 的海区，海冰的出现是季节性的，常有一年周期。边缘海区冰盖南界不固定，随着水文气象条件的变化，往往会变动几百千米。一年冰的厚度，春季达 2.5～3 米；多年冰的厚度达 3～4 米。在风和流的作用下，大群冰块叠积，形成流冰群。它们沿高压脊运动，在局部地区堆积很高，并向纵深下沉几十米，从而形成巨大的浮冰山。露出水面的高度约为 10～12 米，有时高达 15 米，水下部分厚达 40 米，水平方向的面积可达 600～700 平方千米。从岛屿脱落下来的冰山能漂移到很远距离，其中一些冰山可进入大西洋，个别冰山可漂移到北纬 40° 附近。

生物和矿产　由于高寒，以及常年冰盖和流冰的限制，北冰洋动植物群的种类比地球上其他海区要少得多。浮游植物的年生产力比其他洋区要少 10%。植物界包括大片聚集在浮冰上的小型植物，生长在表层水（深 40～50 米）中的浮游植物（微藻类），生长在海滨浅海区海底的底栖植物巨藻类和海草

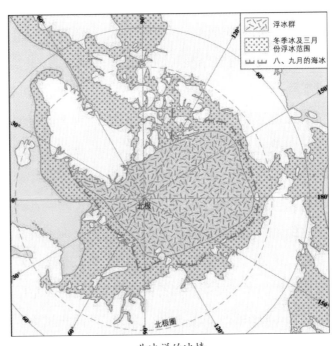

北冰洋的冰情

等。暖水性的浮游动物少，但同属的动物往往比其他地区长得肥大。最重要的鱼类有北极鲑鱼（红点鲑或白点鲑）和鳕鱼等。巴伦支海和挪威海是世界上最大的渔场之一。捕获量较大的有鳕鱼、黑线鳕、鲽鱼和毛鳞鱼。生物资源中，海洋哺乳动物最珍贵，如海豹、海象、鲸、海豚、北极熊和北极狐等。

北冰洋的矿产资源以石油、天然气最为重要，主要分布在阿拉斯加北岸的波弗特海大陆架、加拿大北极群岛及其邻近海域。此外，北冰洋海底还富有锰结核、锡和硬石膏矿等。

交通运输　北冰洋有联系欧、亚、北美三大洲的最短大弧航线，但地理位置偏僻，气候严寒，沿岸地区人烟稀少，航运困难。航运较发达的是北欧海域的挪威海及巴伦支海。从 20 世纪 30 年代开辟的西起俄罗斯的摩尔曼斯克到符拉迪沃斯托克（海参崴）的航海线，全长 1 万多千米，具有重要意义。固定

的航空线有从摩尔曼斯克直达挪威斯瓦尔巴群岛、冰岛雷克雅未克和英国伦敦的航线。

伏尔加河

欧洲第一大河。位于俄罗斯欧洲部分。源出瓦尔代高地，源头海拔 228 米。河流曲折东流，至喀山附近折向南流，到伏尔加格勒转向东南，最后注入里海。全长 3530 千米，流域面积 136 万平方千米。为平原型河流，比降较小，流速缓慢，河道弯曲，多沙洲浅滩，河漫滩上多牛轭湖，上游流经冰碛区，连接一系列小湖，河网发育差。奥卡河汇入后为中游，流经伏尔加丘陵北缘，右岸接纳苏拉河、斯维亚加河，左岸汇入韦特卢加河，流域面积增大，河谷变宽，水量大增。左岸大支流卡马河注入后，河床更

宽，水量骤增一倍以上，成为一条浩荡的大河。沿伏尔加丘陵东缘南流，河谷不对称，右岸陡峻，左岸低缓。从卡梅申附近（北纬50°）至河口的800千米河段内，全无支流，形成典型的树枝状水系。伏尔加格勒以下为下游，分出一条汊河——阿赫图巴河，与干流近于平行流到河口地区，然后分成80余条汊河注入里海。河水挟有大量泥沙，每年输沙量2700万吨，沉积在河口，形成面积1.9万平方千米的河口三角洲。

河水补给来源主要是雪水，其次是地下水和雨水。上游和中游雪水补给占年径流量的55%～65%，地下水占25%～30%，雨水只占10%～15%。下游雪水补给更为主要，雨水补给减少，地下水补给意义增大。从11月底至翌年4月为结冰期，下游3月中旬开始解冻，封冻期长100～140天。多年平均径流量2380亿立方米（2001年为2810亿立方米）。

沿河建有多座大型水利枢纽工程，其中干流上主要有雷宾斯克、

伏尔加河一景

下诺夫哥罗德、切博克萨雷、萨马拉、萨拉托夫、伏尔加格勒等水库和水电站，支流卡马河上有卡马（彼尔姆）、沃特金斯克及下卡姆斯克水库和水电站等。水库总库容1853亿立方米，电站总装机容量为1118万千瓦。

俄罗斯运量最大的内河航道，干支流航道水深3.6米，里程6600千米，能通行千吨驳船。主干航线可通航5000吨级货轮和2万～3万吨的顶推船队。该河将俄罗斯中部区同伏尔加河流域区、乌拉尔区以及里海沿岸连接起来，通过伏尔加－波罗的海运河、白海－波罗的海运河和伏尔加－顿河运河，组成了白海、波罗的海、黑海、亚速海和里海的五海通航。该河货运量约占全国内河货运总量的2/3，客运量占一半以上。主要货流有石油、建材、木材、煤炭、粮食、机械、盐类、石油制品等。沿岸主要河港和经济中心有加里宁、雷宾斯克、雅罗斯拉夫尔、下诺夫哥罗德、喀山、乌里扬诺夫斯克、萨马拉、萨拉托夫、伏尔加格勒和阿斯特拉罕等。

鄂毕河

世界大河之一。位于俄罗斯西西伯利亚。由源出阿尔泰山的比亚河及卡通河汇合而成。自东南向西北纵贯西西伯利亚平原。注入北冰洋喀拉海的鄂毕湾。汇合点以下长3650千米（以卡通河为源长4338千米，以额尔齐斯河为源长5410千米），流域面积299万平方千米。托木河口以上为上游，流经山地、丘陵及平原区，河谷及河漫滩较宽，左岸较陡，右岸平缓，水深2～6米。托木河口至额尔齐斯河口为中游，接纳丘雷姆河后，水量大增，河谷展宽至30～50千米，河漫滩宽广，河网稠密，水深4～8米。额尔齐斯河口至鄂毕湾

鄂毕河景色

为下游，河床宽 3～4 千米，临近河口处达 10 千米，水深一般 10 米以上。因鄂毕河入海处年输沙量达 1600 万吨，形成了面积为 4000 平方千米的河口三角洲。河水补给主要靠春季融雪水，次为夏季融冰和降水。以春汛为主，夏有洪水。由于西西伯利亚平原地势低平，排水不畅，两岸沼泽、湖泊、湿地广布。河口处年平均流量 1.27 万米³/秒（最大流量 4.28 万米³/秒，最小 1650 米³/秒），年平均径流量 4050 亿立方米（2001 年为 4570 亿立方米）。结冰期长，上游 11 月到翌年 4 月末，下游 11 月至翌年 6 月初。流

域内石油、天然气、煤、铁、有色金属、森林资源丰富。鄂毕河中下游为著名的西西伯利亚油气区（包括秋明油田和乌连戈伊气田）所在地。干、支流水能资源理论蕴藏量达 2.5 亿千瓦。干流及鄂毕湾有鱼 50 多种，其中一半有经济价值。鄂毕河为西西伯利亚南北间的重要运输干线，从汇合点起至河口可通航。每年通航期上游 190 天，下游 150 天。干流主要河港有：巴尔瑙尔、卡缅、新西伯利亚、下瓦尔托夫斯克、苏尔古特、涅夫捷尤甘斯克、萨列哈尔德等。

叶尼塞河

世界大河之一。位于俄罗斯东西伯利亚。由源出东萨彦岭及唐努乌拉山的大、小叶尼塞河汇合而成。沿中西伯利亚高原西侧，曲折北流，注入北冰洋喀拉海的叶尼塞湾。汇合点（克孜勒）以下长3487千米（从小叶尼塞河河源算起，长4102千米）。流域面积258万平方千米。河口处年平均流量1.98万米^3/秒（最大流量15.4万立方米/秒，最小2080米^3/秒），年平均径流量6530亿立方米（2001年为7490亿立方米），为俄罗斯水量最大的河流。水系明显不对称，右岸支流水量为左岸的5～6倍。米努辛斯克盆地以上为上游，长474千米，在支流赫姆奇克河汇合处以上，河流流经宽广的草原、盆地，河床宽200～400米；汇合处以下由于穿越西萨彦岭，谷窄、河

叶尼塞河风光

深、流急、多险滩，在峡口处的迈纳附近建有萨彦–舒申斯克水电站大坝。从米努辛斯克盆地出口至安加拉河汇流处为中游，长876千米，在穿越东萨彦岭出口处的季夫诺戈尔斯克附近建有克拉斯诺亚尔斯克水电站大坝，其上形成长约386千米的水库区。安加拉河口以下为下游，长2137千米，流经西西伯利亚平原的东部边缘。由于接纳了石泉通古斯卡河、下通古斯卡河及库列伊卡河等，水量大增，除在穿越叶尼塞山形成卡扎钦和奥西诺夫两处急流外，河道宽15～20千米。下通古斯卡河口以下，流速减缓，水流平稳，河床中出现许多沙洲。左岸沼泽、湿地遍布。杜金卡以下为叶尼塞河三角洲，河床分为许多河汊及岛屿，河口总宽度达80千米。河水补给以冰雪融水为主，次为夏秋降水。大部河段有春汛，夏季多洪水，水量季节变化大。上游通航期半年（5—10月）、中游5个月（5月下旬至10月）、下游4个月（6月中旬至10月中、下旬），因跨越纬度较多，上、下游封冻和解冻期不同，春、秋两季常出现浮冰堵塞河道或冰坝，造成洪水。流域内森林，煤、铁、铜、镍、铅、锌、金、铂族金属及水产资源丰富，水力资源蕴藏量居全国第一。现干流上已建成萨彦–舒申斯克和克拉斯诺亚尔斯克两个水电站（装机容量分别为640万千瓦和600万千瓦），支流安加拉河上建有布拉茨克、乌斯季伊利姆斯克和伊尔库茨克3个水电站（装机容量分别为450万千瓦、430万千瓦和66万千瓦）。自上游的萨彦诺戈尔斯克至河口的3013千米可定期通航，其中主要通航河段为克拉斯诺亚尔斯克至杜金卡段，海轮自河口可上溯700千米至伊加尔卡。主要河港有杜金卡、伊加尔卡、叶尼塞斯克、克拉斯诺亚尔斯克及阿巴坎等。

勒拿河

世界大河之一。位于俄罗斯东西伯利亚。源出贝加尔湖山脉西坡，沿中西伯利亚高原东缘，向北曲折纵贯伊尔库茨克及萨哈（雅库特）共和国的森林与苔原带，注入北冰洋拉普捷夫海。长4400千米。流域面积249万平方千米。上游（维季姆河汇合处以上）流经山地、高原，谷深岸陡，多急流、石滩，具有明显的山地型河流特征。从维季姆河口到阿尔丹河汇流处为中游，水量较丰，尤其是奥廖克马河注入后，河床展宽至2000米。但在流经阿尔丹高原时，个别地段河床有陡崖。阿尔丹河口以下为下游，由于流经中雅库特低地，并有维柳伊河注入，通常河谷宽达30千米，河漫滩宽7～15千米，其上遍布湖沼，多河汊，航道变化无常。因入海处每年有约1200万吨

勒拿河河口景色

悬移质泥沙和约4100万吨溶解物质淀积，形成面积约3万平方千米的河口三角洲。河水补给以冰雪融水为主，次为雨水。以春汛为主。夏有洪水，冬季水位最低，流量最小。河口处年均流量1.7万米^3/秒（最大流量20万米^3/秒，最小366米^3/秒），年均径流量5370亿立方米。结冰期长（从9月末10月初至翌年5月中旬至6月初）。春季流冰常阻塞河床，使水位急剧升高。流域内森林、煤、天然气、石油、铁、金、金刚石、云母、岩盐等资源丰富，水力资源蕴藏量约4000万千瓦。支流上建有维柳伊斯克水电站和马马卡斯克水电站。干、支流广泛用于流放木材。乌斯季库特以下可定期通航（卡丘格至乌斯季库特汛期可通航），通航期120～160天。下游渔业较发达，主产穆松白鲑、西伯利亚白鲑、北白鲑、秋白鲑等。主要河港有：奥谢特罗沃、基连斯克、连斯克、奥廖克明斯克、波克罗夫斯克、雅库茨克、桑加尔等。

贝加尔湖

世界最深和蓄水量最大的淡水湖。位于俄罗斯东西伯利亚南部，布里亚特共和国和伊尔库茨克州境内。中国古称北海，曾为中国北方部族主要活动地区。由地层断裂陷落而成。湖面海拔456米。东北—西南走向，呈月牙形，长636千米，平均宽48千米，最宽79.4千米，面积3.15万平方千米。平均水深730米，中部最深达1620米，蓄水量达2.3万立方千米，约占世界地表淡水总量的1/5。周围群山环绕，山峰通常高出湖面1000～1500米，多变质岩、沉积岩和岩浆岩。湖岸线长2200千米。有巴尔古津湾和普罗瓦尔湾等湖湾。湖中有27个小岛，以奥尔洪岛为最大，面积约730平方千米。有色楞格河、巴尔古津河、上安加

贝加尔湖风光

拉河等 336 条大小河流注入，集水面积 55.7 万平方千米，叶尼塞河支流安加拉河由此流出。

湖盆地区为大陆性气候，巨大水体对周围湖岸地区气候有调节作用，冬季相对较温暖，夏季较凉爽。1—2 月平均气温 -19℃，8 月 11℃。水深 250～300 米以上水体温度季节变化明显，夏季湖面水温 7℃，冬季 0.3℃，最底层水温较稳定，为 3.2～3.5℃。年降水量：北部 200～350 毫米，南部 500～900 毫米。风大，浪高达 5 米，湖水涨落现象明显。1—5 月初结冰，冰厚 70～115 厘米。湖水清澈，透明度 40。

湖中有植物 600 种，水生动物 1200 种，其中 3/4 为特有种，如贝加尔海豹、鰕虎鱼、胎生贝湖鱼等。鱼类资源丰富，有凹目白鲑、茴鱼、秋白鲑等。

湖岸主要城镇有斯柳江卡、贝加尔斯克、巴布什金、乌斯季巴尔古津、下安加尔斯克等。主要港口有贝加尔、坦霍伊、维特里诺、乌斯季巴尔古津、下安加尔斯克及胡希尔等。在南岸利斯特维扬卡设有俄罗斯科学院西伯利亚分院湖泊研究所。在科特镇建有伊尔库茨克大学水生生物站。为进行生态学研究，苏联政府于1969年1月通过了对贝加尔湖流域自然综合体进行保护和合理利用的决议，建立了布尔古津等自然保护区。湖周边地区为旅游和疗养胜地。

易北河

　　欧洲中部大河。发源于捷克北部与波兰边境的苏台德山脉南麓，向西向南呈弧形，流经捷克西北部，折向西北穿越厄尔士山脉，进入北德平原，经汉堡在库克斯港附近流入北海，全长1165千米，流域面积14.4万平方千米。德国境内

长793千米，流域面积9.8万平方千米。从河源至德累斯顿为上游，不能通航，建有水电站。德国境内大部河段可通航。在汉堡以下的河口段，河面从483米展宽至河口的15千米（在库克斯港），海轮可上溯110千米直达汉堡。主要支流在捷克境内有伏尔塔瓦河，在德国境内有哈弗尔河、萨勒河、穆尔德河等。还有北海－波罗的海运河、易北河－吕贝克运河、易北河－哈弗尔河运河等，经运河与北海、波罗的海及莱茵河、奥得河、威悉河、埃姆斯河相通。沿岸主要城市有德累斯顿、德绍、马格德堡、汉堡等。

莱茵河

　　欧洲西部第一大河，重要航运水路。源出瑞士东南部阿尔卑斯山北麓，西北流经列支敦士登、奥

地利、法国、德国、荷兰，注入北海。全长 1320 千米，流域面积 22.4 万平方千米。

巴塞尔以上为上游河段。前莱茵河和后莱茵河两条源流在瑞士苏尔以南汇合，构成莱茵河主流，折向北流，入博登湖；出湖后西流，至巴塞尔，途经沙夫豪森以下的莱茵瀑布。上游水量以冰雪融水补给为主，7 月水位最高。主要支流有阿勒河等。流域内湖泊众多，对河流有一定调节作用。

巴塞尔至波恩为中游。河流向北流至美因茨，穿行于莱茵地堑带，南北延伸 280 多千米，河谷东西两侧分别为黑林山和孚日山。宾根至波恩河段流经莱茵峡谷，长 120 千米，河宽仅 150 米，两侧坡地遍布葡萄园，矗立古城堡，风景如画。中游河段接纳内卡尔河、美因河、摩泽尔河等主要支流，流量增加。冰雪融水和雨水混合补给，汛期在春末。

波恩以下为下游。流经德国西

流经德国鲁尔区的莱茵河

北部平原和荷兰低地，河道展宽，流速减缓。以降水补给为主，秋、冬雨较多，接纳鲁尔河、利珀河等支流，水量丰富。河口地区年平均流量 2500 米³/ 秒。下游河段含沙量较高，堆积作用旺盛，河流汊道发育。主要汊道为瓦尔河和莱克河南北两支，西流入海。汊道之间组成莱茵河三角洲，并与马斯河和斯海尔德河三角洲连成一片，构成荷兰低地。三角洲大部分地区低于海平面，依靠筑海堤防范海水浸淹。1986 年 10 月，荷兰历时 30 多年的"三角洲工程"完成，筑起的海坝将瓦尔河、莱克河以及马斯河、斯海尔德河等的河口湾封闭，莱茵河自鹿特丹往北开凿新航道运河，改道入北海。

莱茵河流域城市密布，人口稠密，工农业发达。莱茵河各支流以及与西欧重要河流威悉河、塞纳河、罗讷河、埃姆斯河、易北河等均有运河相连，构成畅通便捷的水运网。20 世纪以来，莱茵河成为世界上航运最繁忙的河流之一。1992

年又建成莱茵河 – 美因河 – 多瑙河运河（RMD 运河），沟通了北海与黑海之间的内河航运。干流可通航里程 870 千米。主要河港有瑞士的巴塞尔，法国的斯特拉斯堡，德国的路德维希港、美因茨、科隆、杜伊斯堡等。载重 5000 吨驳船队可上溯至巴塞尔。河口地区的鹿特丹是世界最大的海港，也是莱茵河内河航运和海运的主要转运港。货运以煤炭、铁矿石、石油产品、木材、谷物为主。20 世纪 70 年代中，沿河各国政府签约，开始疏浚和整治河道，解决日益严重的河水污染问题。经过多年努力，至 90 年代末污染已基本得到控制。

多瑙河

欧洲第二长河。源出德国西南部黑林山东麓，向东流经奥地利、

斯洛伐克、匈牙利、克罗地亚、塞尔维亚、保加利亚、罗马尼亚、乌克兰9个国家，在罗马尼亚苏利纳附近注入黑海，是世界上干流流经国家最多的国际河流。全长2850千米，流域面积81.7万平方千米。

从河源到匈牙利门峡（西喀尔巴阡山脉和奥地利阿尔卑斯山脉之间）为上游，长966千米。上源布雷格河和布里加赫河从黑林山东坡流出后，汇流于多瑙埃兴根，沿施瓦本山、弗兰克山南翼和巴伐利亚高原北缘向东北流，经雷根斯堡后折向东南，进入奥地利，流过波希米亚林山，经维也纳盆地后达匈牙利门峡。上游具有山地河流水文特征，河床坡度大，流速较快，水位季节变化显著，先后有支流雷根河、伊萨尔河、因河等汇入，干流水量大增。这些支流都以冰雪融水为主要补给来源，春末夏初为高水位。雷根斯堡附近年平均流量为420米^3/秒，至维也纳达1900米^3/秒。

从匈牙利门峡到铁门峡为中游，长约900多千米。河面展宽达1.6千米，河床坡度平缓，流速减慢，在布拉迪斯拉发和科马尔诺之间，河道中因泥沙沉积形成大、小斯许特岛等沙岛，水流被分成多条汊道。从科莫尔诺东流经瓦茨折向南流，进入匈牙利平原，河谷宽广，地势低平，河床淤浅。南流入克罗地亚、塞尔维亚，先后接纳德拉瓦河、蒂萨河、萨瓦河三大支流，使干流水量猛增一倍半，达5835米^3/秒。同时，含沙量大增，其中流经黄土地带的蒂萨河每年带入干流的泥沙达7500万立方米。春季积雪融化，水位最高，流量最大；冬季水位最低。在贝尔格莱德附近折向东流，至铁门峡河流最狭处，宽仅100米，水流湍急。

铁门峡以下为下游，河流流经广阔平原，左岸为罗马尼亚的瓦拉几亚平原，右岸为保加利亚的多瑙河平原；河谷宽浅，比降小，流速缓，河道中有沙岛群。6月汛期水位升高，最低水位出现在9、10月间，冬季河水有时结冰。东流至切尔纳沃德转向北流，至加拉茨折向东流，有支流普鲁特河注入。在距黑海 80 千米的图尔恰附近进入三角洲，干流分 3 支入海。河口年平均流量 6430 米^3/秒，年平均注入黑海水量 203 立方千米。多瑙河携带大量泥沙，每年约 7600 万吨，在河口沉积，形成三角洲，面积 4300 平方千米，每年不断向海伸展。三角洲上水道纵横，沼泽湿地广布，为世界最大的芦苇产区。

多瑙河是中欧和东南欧重要国际航道，从乌尔姆以下可通航 2600 千米。1992 年莱茵河－美因河－多瑙河运河建成，把多瑙河和莱茵河两大水系连接起来，沟通了北海和黑海之间的内河航道。水力资源蕴藏丰富，干流上建有多座水力发电站，如 20 世纪 70 年代罗马尼亚和南斯拉夫合作兴建的铁门水电站、1992 年斯洛伐克南部兴建的加布奇科伏水电站等。主要河港有雷根斯堡（德国）、林茨和维也纳（奥地利）、布拉迪斯拉发（斯洛伐克）、布达佩斯（匈牙利）、诺维萨德和贝尔格莱德（塞尔维亚）、鲁塞（保加利亚）、布勒伊拉和加拉茨（罗马尼亚）、伊兹梅尔（乌克兰）。

塞纳河

法国北部大河。意为宁静的河流。发源于东部朗格勒高原的塔斯洛山（海拔 471 米），向西北流

塞纳河畔的巴黎一角

经巴黎盆地，在勒阿弗尔附近注入英吉利海峡（拉芒什海峡）。全长776千米，流域面积7865平方千米。在蒙特罗以上河流深切石灰岩高原，两侧先后汇入奥布河和约讷河。自蒙特罗至河口，河流流经平原地区，有马恩河、瓦兹河、厄尔河等支流相继汇入。巴黎以下河曲相当发育，多江心小岛。河流比降很小，水流平稳。受温带海洋性气候影响，冬季水位较高，夏季水位最低，但变化幅度不大。巴黎年平均流量250米^3/秒，河口年平均流量达500米^3/秒。法国重要的内河航运干线，通航里程约560千米，货运量居全国第一。海轮乘潮可达鲁昂港。以巴黎为中心的中游河段是重要的内河航运干线，鲁昂以下至河口是河、海运输结合的水运干线。主要港口有勒阿弗尔、鲁昂和巴黎。有运河与莱茵河、索恩河、罗讷河、卢瓦尔河等相通。上游建有水电站。干流流经法国经济高度发达和人口稠密的地区，并有支流

塞纳河上的诺曼底大桥

与北部工业区联系。流域内高速公路、铁路和管道运输发达。首都巴黎因塞纳河而兴。两岸名胜古迹众多。河畔的城市遗产群、枫丹白露的宫殿和园林被联合国教科文组织列为世界文化遗产。

罗讷河

流经瑞士和法国的大河。源自瑞士中南部阿尔卑斯山达马施托克峰南侧的罗讷冰川。向西借道位于法、瑞边境的莱芒湖（日内瓦湖），然后经法国东南部注入地中海利翁湾。全长812千米，流域面积9.78万平方千米。其中法国境内长522千米，流域面积约占全流域面积的9/10。上游出莱芒湖后，沿阿尔卑斯山西部高地边缘，切穿冰川横谷南流，转向西北再折向西至里昂，汇入最大的支流索恩河（长

480千米），转向南流，水量大增。里昂至阿维尼翁为中游，河流在中央高原和阿尔卑斯山前地带之间流过。阿维尼翁以南为下游和三角洲地区。中、下游先后有伊泽尔河、迪朗斯河等众多支流汇入。下游分大、小罗讷河两支入海，形成面积约750平方千米的三角洲。水量丰富，河口年均流量达1700米^3/秒。上游建有水电站。两岸工业城镇林立，有输油管和核电站。谷地广种葡萄。有运河与马赛港、塞纳河、卢瓦尔河、莱茵河相连。水上运输发达，成为联系法国北部、东部和地中海的重要通道。

巴拿马运河

凿通巴拿马地峡，沟通太平洋和大西洋的国际运河。位于巴拿马共和国中部，是连接巴拿马

城和科隆、克利斯托瓦尔港的一条国际贸易通道。运河通航后大西洋和太平洋沿岸之间航程缩短5000～10 000千米。

开凿经过 1513年巴尔博亚发现巴拿马地峡。1524年西班牙国王查理五世下令勘测通过巴拿马地峡的运河路线。1881年在法国工程师F.de莱塞帕斯主持下，按海平面运河（运河水位与两端海平面齐平不设船闸）方案施工。至1900年耗资3亿多美元，仅完成计划的1/3，工程因公司破产而中断。1903年巴拿马脱离哥伦比亚独立。同年11月美国强迫巴拿马签订了《美国–巴拿马条约》，取得运河开凿权和运河区的永久租借权。运河区包括巴拿马运河和运河中线向两侧延伸宽16千米的地带。1904年美国改用以船闸提高中段水位，使船舶跨越地峡分水岭的运河方案。同

年5月重新动工，历时10年，于1914年8月15日竣工。

运河状况 巴拿马运河全长81.3千米，沿程建有3座船闸。运河起自加勒比海，经一段人工开挖的航道，至加通三级船闸水位升高25.9米，然后进入加通湖区，通过开挖地峡分水岭形成的加利亚德航道，再经佩德罗·米格尔单级船闸，水位下降9.45米，又过米拉弗洛雷斯双级船闸，水位再降16.45米，达到太平洋海平面，最后经弗

开凿中的巴拿马运河

拉门科岛进入太平洋。加通湖是在加通附近建造的一座拦截查格雷斯河的大坝形成的人工湖。

巴拿马运河基本上是双向航道，底宽 152～305 米，水深 12.8～26.5 米。三座船闸都是双线船闸，闸室长 304.8 米、宽 33.5 米，门槛水深 12.8 米。运河上长 13 千米的加利亚德航道，岸高坡陡、河道弯曲、视距短，1930—1940 年和 1957—1971 年曾两次拓宽，底宽从 94 米增至 152 米，改善了这段航道的航行条件。此后大多数船舶均可双向航行，但仍禁止大型船舶和装载易燃等危险品的船舶对驶。船舶在这段航道上航行经常遇到雾、暴雨和暴风。平均每年有 65 个夜晚有雾碍航。

通过运河的船舶一般为 45 000 吨级，最大的为 65 000 吨级。通过运河的船舶长度不得超过 297 米，宽度不得超过 32.58 米，最大吃水 12.04 米。枯水季节只许吃水小于 11.58 米的船舶通过。船舶在运

巴拿马运河鸟瞰

河上的航速在不同航段上控制在每小时 8 ～ 18 海里。船舶通过运河平均需 17 小时，其中航行时间为 10 小时。每年通过运河的船舶数量有 14 000 ～ 15 000 艘，通过的货物量超过 1 亿吨，年收入超过 1 亿美元。

根据美国和巴拿马两国签订的巴拿马运河条约，巴拿马运河自 1979 年 10 月 1 日，改由两国共管；2000 年 1 月 1 日巴拿马共和国全部收回运河的管辖权。由于巴拿马运河货物通过量逐年剧增，以及运河水源紧张等原因，正在筹划开凿第二条巴拿马运河。

亚得里亚海

地中海北部海域。在亚平宁半岛和巴尔干半岛之间，南部通过奥特朗托海峡与地中海中部的伊奥尼亚海相连。南北长约 800 千米，东西宽 95 ～ 225 千米，面积 13.2 万平方千米。平均深度是 240 米，北浅南深，东南部最深处 1324 米。冬季交替刮强劲的东北风（即布拉风）和带来雨水的南风（即西洛可风），前者不利于航行。表层水温 8 月 24 ～ 25℃，2 月 11 ～ 14℃；盐度 30 ～ 38，北低南高。盛产鲭、沙丁鱼等。海域两岸呈鲜明对照：西岸地势较低，海岸平直，岛屿稀少；东岸山地纵贯，海岸曲折，岛屿棋布，与海岸平行排列，形成许多海湾和海峡。两岸主要港口城市

亚得里亚海沿岸风光

有的里雅斯特、威尼斯、安科纳、里耶卡、斯普利特、都拉斯等。

地中海

大西洋属海，世界第二大陆间海。介于欧、亚、非三洲之间，西出直布罗陀海峡通大西洋，东南经苏伊士运河出红海入印度洋，东北经达达尼尔海峡、马尔马拉海、博斯普鲁斯海峡与黑海相通。东西长约4000千米，南北最宽处1800千米，面积251万平方千米。海岸线长约22 530千米。

地中海被半岛、岛屿和海岭分隔，形成许多大小不等的海和海盆。一般以亚平宁半岛、西西里岛至突尼斯的海岭（深366米）一线为界，分地中海为东、西两大部分。西地中海有三个被海岭和岛屿隔开的海盆，自西向东分别为阿尔沃兰海盆、阿尔及利亚海盆（巴利阿里海）和第勒尼安海盆。东地中海有伊奥尼亚海盆（其北为亚得里亚海）和黎凡特海盆（其西北为爱琴海）。地中海平均水深约1500米，最深点在希腊南面的伊奥尼亚海盆，为5121米。海底扩张和板块构造学说认为，地中海是地质时代环绕东半球的特提斯海（又称古地中海）的残存水域。从中生代开始，特提斯海北方的欧亚板块与南方的非洲、阿拉伯、印度等板块相向运动，使海域范围逐步缩小。现在的地中海则是中生代到新生代渐新世间，欧亚板块与非洲板块相向运动、碰撞的产物，意大利南部和爱琴海一带至今多火山、地震活动。

典型的地中海型气候。夏季受副热带高压控制，炎热干燥；冬季处于气旋活动频繁的西风带中，温和湿润。东地中海位置比西地中海偏南6°，表层平均水温高于西地中海。最高水温出现在南部利比亚海岸的苏尔特湾（锡德拉湾）和东

部土耳其海岸的伊斯肯德伦湾，8月平均气温分别为31℃和30℃。最低水温在亚得里亚海北端的的里雅斯特湾，2月平均气温5.2℃。年降水量由西北（1100毫米）向东南（250毫米）减少。冬暖夏热，蒸发旺盛，海面年蒸发量1250毫米。周围海岸多山和荒漠，注入大河较少。蒸发量远大于降水量和径流量之和，导致海水含盐度增大，水位下降，引起大西洋和黑海表层水流入，地中海深层水流出。地中海表层海水含盐度介于36.5～39.5，东地中海含盐度高于西地中海。地中海水面保持相对稳定，其海水补给来源5%得自四周河水流入，21%为降水，其余71%和3%分别来自地中海与大西洋、黑海之间的水体交换。从大西洋经直布罗陀海峡流入的表层水，平均流量达175万米^3/秒；在离海面125米的深处，地中海水流入大西洋，平均流量168万米^3/秒。两者差额成为地中海水的主要补给来源。潮汐为正规或不正规半日潮。因地中海的封闭性，大部分地区潮差不大，且自西向东减小。潮差一般均在0.7米以下；最大潮差出现在突尼斯东岸，达1.7米。海水中磷酸盐、硝酸盐含量不足，限制了海洋生物生长。鱼类共有400多种，但数量不大，没有大量鱼群集中的渔场。

地中海周围共有22个国家和地区，人口逾4亿。地中海是沟通大西洋和印度洋的航运要道，欧美国家取得西亚、北非石油的必经通道，战略地位重要。沿岸主要港口有直布罗陀、巴塞罗那（西班牙）、马赛（法国）、热那亚和那波利（意大利）、里耶卡（克罗地亚）、瓦莱塔（马耳他）、伊兹密尔（土耳其）、贝鲁特（黎巴嫩）、亚历山大（埃及）、的黎波里（利比亚）、阿尔及尔（阿尔及利亚）等。

苏伊士运河

位于埃及东北部的国际运河。贯通苏伊士地峡，连接地中海塞得港与红海的陶菲克港，是欧、亚、非三大洲海上国际贸易的通道。运河通航后，从大西洋沿岸到印度洋诸港之间的航程，比绕行非洲好望角缩短5500～8000千米。苏伊士运河的年货物通过量在国际运河中居首位。

沿革　公元前1887—前1849年，古埃及第12王朝的法老塞索斯特里斯三世当政时期，就从尼罗河支流上的扎加济格附近经大苦湖、小苦湖到苏伊士开凿了一条间接沟通地中海与红海的古苏伊士运河，后因泥沙淤积失修而废弃。约在前6世纪，古埃及第21王朝尼科二世曾开始开凿连接地中海和红海的运河，但直到前250年前后才完成。由于泥沙淤积，运河需要经

1869年苏伊士运河通航

常疏浚且时通时断，到 775 年加利夫时期予以废弃。

19 世纪开始着手研究直接连通地中海和红海的运河方案。鉴于运河两端水位差不大，因此采用了不设船闸的海平面运河方案。1854 年法国工程师 F.de 莱塞帕斯获得了开凿运河的特许权。1856 年他参加的苏伊士运河公司取得运河建成后使用 99 年的权利。运河于 1859 年 4 月动工。此后由于气候条件恶劣、缺乏劳动力、工具简陋以及一度流行霍乱等诸多因素，工程进展缓慢，历经 10 年才开通。1869 年 11 月竣工通航。1882 年后由英国控制。1956 年埃及政府将运河收归国有。1967 年 6 月由于中东战争，运河关闭。1975 年 6 月运河重开。此后埃及对运河进行了扩建。

简况　苏伊士运河全长 173 千米，其中 24% 是利用曼宰莱湖、提姆萨湖、大苦湖和小苦湖挖深作为航道，其余部分则是开挖陆地而成的。运河基本上是单行航道，只在巴拉（距塞得港 55 千米）、卡布里特（在小苦湖附近）和大苦湖中有 3 处航道加宽段为双航道，可以错船。船舶通过运河的时间平均为 15 小时。

运河自 1869 年通航以来，它的过水断面曾数次扩展。1975 年复航时运河水深 15 米，11 米深度处的宽度 89 米，过水断面面积 1800 平方米，可通航吃水 11.58 米、满载 6 万吨、空载 25 万吨的

1956 年 7 月 26 日，埃及总统纳赛尔宣布苏伊士运河收归国有

船舶。

扩建 1980年12月完成运河第一期扩建工程。由于塞得港和陶菲克港的进港航道向外延伸，运河全长增为193.5千米。运河水深增至19.5米，11米深处宽160～170米，过水断面面积3000～3600平方米，可通航吃水16.15米、满载15万吨、空载37万吨的油船。

第一期扩建工程还增辟了3条汉道。塞得港支航道长26.5千米，可使船舶不经塞得港直接出入运河；提姆萨汉道长5千米；德维斯瓦汉道（距塞得港95千米）—大苦湖西航道—卡布里特西汉道，共长27千米。此外，裁直一些弯道，并建成监视船舶动态的电子控制系统，从而缩短了船舶通过运河的时间，进一步保障了航行安全。允许船舶通过运河的最大航速为每小时14千米。第一期扩建工程挖泥约7亿立方米，工程造价12.7亿美元。

苏伊士运河第一期扩建工程完工以后，通过运河的船舶数量和吨位均有显著增加。1981年通过运河的船舶总数达到21 870艘（平均每天60艘），比1975年增长3倍。1981年通过运河的船舶吨位达3.42亿净吨，收入9亿美元，比1980年增加40%。1994年运河第二期扩建工程将航道水深增至23.5米，水深11米处的宽度增至240米，过水断面面积为5000平方米，可通航载重26万吨、空载70万吨的油船。

墨累 - 达令河

澳大利亚规模最大的、唯一发育完整的水系。由墨累河及其数十条支流组成。达令河是其最长的支流，其次为马兰比吉河。从达令河源头起算，总长3750千米。水系贯穿大陆东南部中央低地区，流域面积约105.7万平方千米，包括昆士兰州南部、维多利亚州北部和新南威尔士州大部地区。发源于湿润多雨的东部山地，流向西部半湿润地区，然后再经半干旱的内陆平原南部，直流入海。其有效集水面积只有40万平方千米。在长距离的缓慢流程中，蒸发量逐渐增加，河流水量减少，部分河道甚至趋于干涸。入海处平均径流量715米³/秒，年平均径流总量236亿立方米。

干流墨累河长2600千米，发源于新南威尔士州南部雪山西南的派勒特山南坡，在峡谷间北流约200千米，渐转向西，经休姆水库至奥尔伯里，自此向西北流经支流众多、沼泽遍布的泛滥平原。在斯旺希尔与罗宾韦尔之间，马兰比吉河自右岸汇入，至文特沃思，达令河自右岸汇入，续向西进入南澳大利亚州境。自斯旺希尔以下，河流进入半干燥的桉树灌丛地区，过南澳大利亚州界至摩根突转向南，经亚历山德里娜湖注入因康特湾。

达令河自河源至墨累河汇流点长约2700千米，发源于昆士兰州东南部大分水岭西坡，上游自芒金迪以上河道为昆士兰、新南威尔士两州分界，大部支流集中在芒金迪至伯克以上河段，右岸有穆尼、巴朗、卡尔戈阿等河；左岸有卡斯尔雷、麦夸里、博根等河。自伯克以下，河道坡降平缓，周围是半干旱地区，除沃里戈、帕鲁两条间歇性河外，基本上无支流，主河道有时还形成分流，并在数百或数十千米外重合。在梅宁迪附近有一系列水洼，汇合成7个湖泊，已成为当地水利设施的一部分。

马兰比吉河自河源至与墨累河汇流点长1690千米，发源于新南威尔士州雪山北段，南流又转北，纵贯首都直辖区，在亚斯以南折向西，至罗宾韦尔上游汇入墨累河。主要支流有上游的莫朗格洛河、蒂默特河和较长的拉克伦河等。墨累河其他支流有米塔米塔河、凯瓦河、奥瓦河、奥文斯河、古尔本河等，大都从中游的左岸汇入。

墨累-达令诸河径流大量用于灌溉，对干旱区的农牧业生产有着极重要的作用。各主要干支流上、中游大多修建有水库，主要有墨累河的休姆水库和维多利亚湖水库（在南澳大利亚州界附近）；达令河上的梅宁迪湖水库和自芒金迪（在马钦太里河段）至文特沃思的一系列水库等。各水库总库容达350亿立方米，其中约1/3库容由达令－墨累盆地理事会管理，为灌区147万公顷（1992）耕地和草场土地提供宝贵的灌溉水源。

萨尔温江

中南半岛的大河。上游是中国的怒江。源于中国西藏唐古拉山南麓，上游称桑曲，继称那曲，洛隆以下称怒江。因河窄流急，江水奔腾咆哮怒吼，由此得名。先东南流，转而南流，经中国云南，流入缅甸后称萨尔温江。在上缅甸称查黑江，下缅甸称滚龙江。穿过掸、

克耶、克伦和孟等邦，在毛淡棉附近注入安达曼海的莫塔马湾。全长3673千米，在缅甸境内长1660千米，下游有128千米的河段构成缅甸和泰国的天然界河。流域总面积32.5万平方千米，在缅甸境内约为20.5万平方千米。支流较少，大部分河段流经高山峡谷，落差大、水流急，多瀑布、险滩，富水力资源。河谷平原较小，且不连片，仅毛淡棉附近有几十平方千米的冲积平原。航运价值不大，在下游400千米的地段，只能通平底汽船。从掸邦和克耶邦采伐的柚木，多由此顺流浮运而下。但在枯水期，浮运常常受堵；而在涨水期间，下游平原地区洪水又常泛滥成灾。

印度河

亚洲南部大河之一。发源于中

国青藏高原的冈底斯山冈仁波齐峰北坡，称狮泉河（森格藏布）。以东南—西北流向进入克什米尔，斜贯其整个北部，再绕过南伽峰北侧，西折流入巴基斯坦境内，此河段为印度河上游。这一段岸陡谷深，相对高差1200～1500米，在南伽峰附近形成的大转弯处，峡谷最深达5180米。较大支流概来自右岸，有源于喀喇昆仑山脉的什约克河和出自兴都库什山脉的吉尔吉特河和喀布尔河等。在巴基斯坦境内，改为北北东—南南西的流向，先横切盐岭，沿着旁遮普平原的西缘下泻，直至本杰讷德河汇入处，是为中游。本杰讷德河接纳了杰纳布河和萨特莱杰河两支流，由它们连同各自的支流杰赫勒姆河与拉维河（杰纳布河的支流）和比亚斯河（萨特莱杰河的支流），共同构成举世闻名的"旁遮普平原"（五河地区）。自本杰讷德河口起的下游段，受苏莱曼山脉和沙漠的夹峙，基本没有大的支流汇入，却出

印度河及灌渠

现"分汊"现象——多股并流、分分合合地流淌；进至苏库尔附近，分汊更甚；过海得拉巴，多股汊河以扇形展开，形成广约 8000 平方千米的印度河三角洲，分为多流注入阿拉伯海。主干全长 2900 千米，流域面积 117 万平方千米。下游流势缓慢，泥沙淤积，河床高于地面，从旁遮普南部直至入海，包括中游的一段和下游全程，数千年来曾多次改道，一般是向西移动，在巴基斯坦信德省北部，河道西移达20 ～ 30 千米，三角洲部分尤甚。水源主要来自季风降水和北部高山冰雪融水，因而每年有 2 次汛期，3—5 月为春汛，7—8 月为伏汛。洪水期（夏季）流量为枯水期（冬季）的 10 ～ 16 倍。枯水期，下游段可变为断断续续的长形池塘。3月底后上涨迅速；雨季（6—9 月）出现高水位，河面陡然扩展，有些地方宽度可达数千米，从而引起洪灾；随后水位急剧下落，直至枯水末，如此周而复始。入海年平均流量 6640 米³/ 秒。由于流经多为次

大陆的最干旱地带，降水稀少，蒸发量大，故干支流所提供的灌溉水源对农业十分重要。印度和巴基斯坦曾因用水发生争端。通过签订用水条约，争端有所缓和。沿河已建起一些大型的综合水利工程，如杰赫勒姆河的门格拉水坝和印度河的德尔贝拉水坝以及苏库尔、戈德里等处的拦河闸等，均兼灌溉、发电、渔业之利。唯航运不便，仅能通行小型船只。全流域约有人口 2亿（2002），平均每平方千米 171人，但地理分布非常不匀。旁遮普地区每平方千米可超过 500 人，克什米尔每平方千米下降至 163 人，至于边缘的山区和沙漠地区则更为稀疏。现有千万以上人口城市和500 万以上人口城市各 1 个，百万以上人口城市 8 个。印度河流域是世界古文明发祥地之一。早在公元前 3000 年前已出现较发达的农牧业、手工业、商业和城镇，但多次沦为战场。

恒 河

亚洲南部大河。名称源于梵文 ganga，原义"速行"，转义"河流"。本为普通名词和地名通名，后演变为这条大河的专名。迭见于中国典籍，如《佛国记》、《梁书·中天竺传》作恒水与天竺江，《大庄严经论》作恒伽，《大唐西域记》作殑伽，《求法高僧传·玄照传》作弶伽，《继业行记》作洹河等。发源于喜马拉雅山脉南麓，有阿勒格嫩达河（东源）和帕吉勒提河（西源）两源。两河流势汹涌，海拔由 3150 米急降至 300 米。于代沃布勒亚格附近汇合后始称恒河。继而穿越西瓦利克山脉，在赫尔德瓦尔附近进入平原，逐渐向东南弯曲。流至安拉阿巴德，再降至 120 米，最大支流亚穆纳河从右侧来汇，水量陡增，河面变宽，河道弯曲，地势越发平坦，坡降每千米仅 9.3 厘米。自安拉阿巴德以上为上游，下至西孟加拉邦段为中游，再下为下游。其中从印度的杜连至孟加拉国的萨尔达一段，构成印、孟的天然国界线。进入孟加拉国后，与东来的布拉马普特拉河汇合，通过广阔的复合三角洲，注入孟加拉湾。自汇流点以上，全长2580 千米，流域及于印度的乌代朗偕尔、喜马偕尔、旁遮普、北方、拉贾斯坦、中央、切蒂斯格尔、比哈尔、恰尔根德、西孟加拉等 10个邦、德里中央直辖区以及尼泊尔和孟加拉国；左岸某些支流的上源在中国境内。流域面积 90.5 万平方千米。上游水源主要来自 3—5 月喜马拉雅山的冰雪融水，平原段则来自 6—9 月的季风雨。水量年内变化显著：冬季为枯水期，4月底 5 月初开始上涨，8—9 月间升至最高值，水位平均高约 10 米，大洪水时可达 15 米以上。与布拉马普特拉河一起，河口流量平均为 3 万～3.8 万米^3/秒，平均年输沙量 15 亿吨。由于雨量丰，流量大，泥沙淤积，河床日高，常泛滥成灾。下游地势低平，河网密布，是天赐的交通大动脉，主干通航里程 1450 千米，干支通航里程合计超过 8000 千米，逆河上溯可至阿拉哈巴德等地。但自 19 世纪铁路运输兴起以来，航运的重要性相对大为降低。但灌溉意义古今依然，12 世纪起就逐渐建立完备的灌溉系统，以泛滥灌溉与重力灌溉施惠于民。重要灌渠有印度的上甘加、下甘加、萨尔答三灌渠及孟加拉国的恒河 – 科巴达克灌渠。恒河流域是世界上人口最稠密的地区之一，人口总数估计在 5 亿左右（2001），平均每平方千米 550 人。有千万人口城市两座，百万人口城市 7 座，10 万以上人口的城市数以百计。恒河流域在历史上为印度斯坦的核心地带，是印度文化的摇篮。德里、亚格拉、巴特那和勒克瑙等，均先后成为不同帝国、王国和王朝的统治中心。数千年来，肥沃富饶的恒河产生了世界古代史上灿烂的印度文明。由恒河及其支流冲积而成的恒河平原，是印度经济最发达的地区，工厂林立，农田如网，是世界著名大米产区之一。蕴藏着丰富的水力资源，已在主流及一些大支流上兴建综合利用水利工程，其中赫尔德瓦尔的上恒河渠、纳罗拉的下恒河渠和北方邦的萨尔达渠等，均兼发电和灌溉之利。沿岸多宗教圣地（安拉阿巴德、瓦

流经圣城瓦拉纳西的恒河

拉纳西、赫尔德瓦尔、胡格利河等）。印度教徒们笃信教义，将恒河称为"圣河""信仰之河"。认为恒河水可以涤去身上的污秽，清除灵魂的罪恶，不仅喝恒河的水，而且常在恒河沐浴，死后遗骸也要送到河边火化，骨灰撒入河中，以便登临"极乐世界"。在一年一度的恒河大庙会之际，各地信徒千里迢迢前来朝拜、沐浴，盛况空前。

阿姆河

中亚流域面积最大的河流。发源于帕米尔高原东南部海拔约4900米的山地冰川，上游称瓦罕河，向西汇帕米尔河后称喷赤河，汇合瓦赫什河后称阿姆河，注入咸海。如以上游源流瓦赫什河和喷赤河的汇合处为起点，全长1415千米，如

从东帕米尔的瓦赫吉尔河源算起，全长为2540千米。流域面积46.5万平方千米。分别流经阿富汗、塔吉克斯坦、乌兹别克斯坦和土库曼斯坦。主要支流有苏尔霍布河、苏尔汉河和卡菲尔尼甘河。流域内山区冬春多雨，平均年降水量可达1000毫米，平原地区干旱，平均年降水量仅200毫米。春季雪融，开始涨水，6—8月流量最大。河口处年平均流量为1330米³/秒。河水含沙量大。从河口到铁尔梅兹约1000千米可通航。最大港口是查尔朱。河口附近结冰期长达4个月。下游流经土库曼斯坦、乌兹别克斯坦两国沙漠地区，河谷展宽，已筑水坝系统可防洪和引水灌溉。在阿姆河左岸修建的卡拉库姆运河，可向阿什哈巴德供水。在上游还建有多处水电站。中、下游两岸多绿洲，盛产稻谷、棉花、葡萄、梨等；河口有宽广三角洲，面积约1万平方千米，盛产芦苇、柳和白杨等林木。流域内水产主要有鲟、鲤、鲑，动物主要有野猪、野

猫、豺、狐、野兔等，鸟类多达200多种。

拉等水电站，有渔业；卡扎林斯克以下部分河段可通航。沿岸有苦盏市、克孜勒奥尔达市。

锡尔河

中亚最长河流。源出中天山。流经乌兹别克斯坦、塔吉克斯坦和哈萨克斯坦。由费尔干纳盆地东部的纳伦河、卡拉达里亚河汇流而成。经克孜勒库姆沙漠东缘注入咸海。全长2212千米（自纳伦河源地起长3019千米），流域面积21.9万平方千米。河水补给主要来自冰雪融水。每年3、4月至9月水位较高。下游自12月至翌年3月封冻。在河口形成三角洲。平均流量：上游约500米³/秒，在奇尔奇克河交汇处附近为703米³/秒，在卡扎林斯克附近为446米³/秒。锡尔河及其支流广泛用于灌溉，河上建有凯拉库姆、法尔哈德、恰尔达

湄公河

东南亚重要国际河流。源自中国境内澜沧江，流入中南半岛称湄公河。经缅甸、老挝、泰国、柬埔寨和越南，注入南海，大致由西北流向东南。总长4880余千米，流域总面积81.1万平方千米，居世界第21位。澜沧江长2130千米。湄公河长2750千米（流域面积63万平方千米），其中1241千米为国界河，包括中缅界河31千米、缅老界河234千米、老泰界河976千米，其余为各国内河，包括老挝内河777千米、柬埔寨内河502千米、越南内河230千米，共计1509千米。全河流总落差5060米，平

均比降 1.04%。入海口平均流量 1.2 万米³/秒，年径流量 4750 亿立方米，居东南亚各河首位，世界第 8 位。

上游段，从中、缅、老边界到万象，流经掸邦高原及其边缘的破碎高地，大部分海拔 200～1500 米，地形起伏较大，沿途受山脉阻挡，河道几经弯曲，河谷宽窄反复交替，河床坡降较陡，多浅滩和急流。左岸较大支流有南塔河、南乌江与南康河。

中游段，万象到巴色，嵌切在呵叻盆地与富良山脉（长山山脉）的山脚丘陵之间。流经大部分地面海拔 100～200 米，起伏不大。万象与沙湾拿吉之间，河谷宽广，坡降和缓，水流平静。沙湾拿吉以下，低丘束缚河道，多岩礁和浅滩，河床坡降较陡，有全河最大的锦马叻长滩，有急流 15 处，总长近 100 千米。左岸支流在老挝境内有南俄河、南屯河、色邦非河、色邦亨河；右岸支流有泰国呵叻盆地的蒙河（湄公河的最大支流）。

老挝琅勃拉邦附近的湄公河

下游段，巴色到金边，流经平坦而略为起伏的准平原，海拔不到100米，河身宽阔，多网状汊流。但部分河段被砂岩小丘紧束，或玄武岩脉横亘，构成许多险滩急流，老挝南端边境的康瀑布，宽达10千米，高20多米，是全河最大的险水。桔井以下，河道展宽加深，有无数沙洲、蛇形河曲与成串小湖沼。磅湛以下为古三角洲，海拔不到10米。较大支流左岸有桑河，右岸有洞里萨河通洞里萨湖。

三角洲河段，金边以下到河口。湄公河在金边城东接纳洞里萨河后，再分成前江与后江。前后江进入越南，陆续分成6支，最后由9个河口入海，故三角洲上的湄公河越南称为九龙江。三角洲面积4.4万平方千米，地势坦荡，海拔平均不到2米，大潮时海水可以上溯100千米，水网稠密，天然溪流与人工渠道纵横交错。

河水主要来自降雨和融雪，河流一半以上的径流量为中南半岛流域的降水，澜沧江的雪山融水提供河流径流量的1/6左右。5月份雨季开始，水位上升，9、10月为汛位高峰，最大洪峰流量曾达75 700米³/秒；1～2月枯水期，最小径流量1250米³/秒。桔井以上河道深切，河岸高出水面2～30米，洪水期少泛滥。泛滥地区主要在三角洲，从磅湛到芹苴，包括洞里萨湖周围，洪泛面积约400万公顷，受洞里萨湖调节，减轻了泛滥程度。湄公河汛水经洞里萨河倒灌入湖，7—9月平均每天入湖3亿多立方米，增加湖水量约14倍，湖面扩大3倍，达到100万公顷，自古以来称为淡水洋。金边以下，湄公河汛水溢出两岸，分别漫入同塔梅平原和泰国湾。

航运欠发达。河床坡降较陡，中下游多急流与瀑布，上下游航运不能直通，在孔瀑布附近实行水陆联运。中游通小轮，金边以下前江终年可通海轮。洞里萨湖曾是世界上淡水渔产最丰富的水域之一，由于泥沙淤积，水体缩减，已不利于

鱼群繁殖。富水力资源，干支流的峡谷地形有利于拦河筑坝，水能蕴藏量干流达1000多万千瓦。20世纪50年代起，在联合国主持下从事湄公河流域开发计划的调整与工程建设，在泰国与老挝境内已建成水库、水电站与输电线路，增加了灌溉面积，但因战争及其他因素影响，工作进展缓慢。90年代起，澜沧江－湄公河流域开发，在中国、老挝、泰国、缅甸和亚洲开发银行及联合国与国际多边组织的合作努力下，正式提上日程，项目包括航运、发电、灌溉、矿产、旅游、林业、渔业、农业、加工业等，涉及人力资源开发、科学技术、投资与贸易、水文、环境与水资源等课题。工作从开发航运着手，经过清除江中礁滩，岸上设置航标，船舶装备先进导航设备等措施，2001年6月，中、老、缅、泰四国实现了从思茅（今普洱）到万象的1368千米的全程日夜通航。澜沧江－湄公河流域气候类型与生物种群复杂多样，矿种齐全而丰富，其资源的丰裕性，使该流域成为进入21世纪亚洲最具开发潜力的地区和关注热点。

红 河

中南半岛大河。又称洮江。源于中国云南省巍山县和祥云县，称元江。至河口县出中国国境，进入越南，称为红河，是越南最长河流。向东南流经河内，最后注入北部湾。全长1280千米，流域面积15 200平方千米。其中越南境内长508千米，流域面积75 700平方千米。河流大部分流经热带红壤地区，因水中掺杂着红土颗粒，故称红河。干流至老街—安沛段河谷狭窄，水流湍急，有26个险滩。在越池附近纳入黑水河和泸江两条支流，水量增加了3倍。该河段以下，河流弯曲，河岔纵横，流速缓慢，河面宽 500～1000 米。冬夏季水位变化很大，七八月下游水位高出沿河平原约 10 米，为确保农田安全，沿河修筑大堤防洪。富灌溉及通航之利。平水位时汽轮可由河口上溯至河内；高水位时可抵老街。红河沿岸林木葱郁，农业发达。下游三角洲地区是越南富庶的农业生产区。

约旦河

西亚内陆河。源于叙利亚的安蒂黎巴嫩山。向南循西亚裂谷奔流，串联了呼勒湖、太巴列湖（加利利海）和死海，共同形成一个"串珠式"水系，全长 360 千米。南段为约旦与西岸地区和以色列的分界线。太巴列湖以下，沿全部低于海平面的古尔谷地行进，河道曲折回环，在太巴列湖至死海直线距离仅 100 千米间，河长却达 200 千米。其间接纳了若干支流，然后注入死海。上游的呼勒湖盆，平均年降雨量 550 毫米，下游的死海北端仅 90 毫米。流量变幅极大，升降于 56～1700 米^3/秒之间。河水对沿河地区的灌溉有特别重要的意义，但也引起不少国际争端。

幼发拉底河

西南亚最长的河流。幼发拉底–底格里斯"双子河系"的两河之一。上源有二，均在土耳其东部山区（亚美尼亚高原）。一为卡拉苏河或称西幼发拉底河，一般认为是其正源；一为穆拉特河或称东幼发拉底河。两源在凯班以北汇合后，正式称幼发拉底河。曲折南流，进入叙利亚，转而向东南流，从左岸接纳哈布尔河等支流后

幼发拉底河片段河面景观

进入伊拉克。继续向东南流，最后在古尔奈与底格里斯河相会。以上全长2750千米，流域面积67.3万平方千米。其间在伊拉克的希特附近进入平原地带，坡降渐缓，流速渐慢。从穆赛伊卜起，分为两支，到萨马沃附近重新汇合。南支为干流，因流经欣迪耶城，另名欣迪耶河，长约210千米；北支为侧流，因经过希拉城，另名希拉河，长约190千米。从希特到古尔奈的平原段，长约700千米。希特以下可通汽船。与底格里斯河中下游一带，共同构成人类社会文明发祥地之一，自古发挥着极为重要的灌溉作用。沿岸古代城市遗址甚多，如举世闻名的巴比伦；其他尚有埃雷克、拉尔萨、西珀尔和乌尔等。现代城市主要有卡拉、代尔祖尔、拉马迪、希拉、纳杰夫和纳西里耶等。自古尔奈以下与底格里斯河的汇流段，以"阿拉伯河"名注入波斯湾（阿拉伯湾）。

底格里斯河

西南亚大河。幼发拉底河与底格里斯河"双子河系"的两河之一，发源于土耳其东部托罗斯山区的哈扎尔湖，基本取东南走向。在吉兹雷以南，长约 32 千米的一段，为土耳其和叙利亚的界河。然后进入伊拉克境内。经摩苏尔、巴格达等城市，沿途接纳大扎卜河、小扎卜河、迪亚拉河等支流，在古尔奈附近与幼发拉底河汇合，以下更名阿拉伯河，注入波斯湾（两河原来分别直接入海，后因河口泥沙的淤积、三角洲的逐渐融合汇而为一）。自源头至古尔奈，长 1950 千米，流域面积 37.5 万平方千米，均较幼发拉

底短、小，但平均流量为 1850 立方米每秒，却大大超过幼发拉底河而为西南亚水量最大的河流。主要是左岸支流众多，亚美尼亚高原和扎格罗斯山脉南坡、东坡大量靠雨雪补给的河流，几乎全部汇入，因而进水量大增。自古以灌溉著名。下游两岸湖泊成群，沼泽成片。幼发拉底河中下游一带，共同构成人类社会文明发祥地之一，底格里斯河与沿岸古城遗址和名胜古迹众多，有尼尼微、阿卡德、乌玛、阿苏尔、塞琉西亚、亚述、卡拉等古代名城多座。为世界著名游览区。巴格达以下可通汽船。

流经巴格达市的底格里斯河

刚果河

非洲第二长河（仅次于尼罗河）。又称扎伊尔河。源于刚果盆地东南缘，向北呈大弧形流过刚果盆地，两度穿过赤道，后向西注入大西洋。以源自坦噶尼喀湖东南高地的谦比西河为最上源，全长4640千米［以出自刚果（金）东南加丹加高原的卢阿拉巴河为源头，则为4320千米］。全水系流经安哥拉、赞比亚、坦桑尼亚、布隆迪、中非、喀麦隆、刚果（布）、刚果（金）等国，流域面积376万平方千米，其中60%在刚果（金）境内。河口平均流量41 300米^3/秒。流域面积和流量均仅次于南美亚马孙河，居世界第二。基桑加尼以上为上游河段，长2440千米。上源谦比西河向西南流经高原、湖沼、湿地，抵刚果（金）边境；折向北后至姆韦鲁湖称卢阿普拉河；姆韦鲁湖以下称卢武河，向西北与卢阿拉巴河汇合，然后向北流直至金杜。金杜以下称刚果河。基桑加尼至金沙萨为中游段，长约1700千米。河床比降小，平均每千米下降仅0.07米。流向由西北、西折向西南，穿过刚果盆地中部，其间有数十条支流纳入，最重要的有洛马米河、阿鲁维米河、鲁

刚果河鸟瞰

基河、乌班吉河、桑加河、奈河－开赛河等。水网稠密，水流平缓，河面从基桑加尼的 800 米骤然展宽到 1000～2000 米以上，最宽处达 14 千米，河中多沙洲和小岛；两岸分布大片沼泽，还有马伊恩东贝湖、通巴湖等湖泊。金沙萨以下为下游段，长 500 千米。向西南切穿瀑布高原和马永贝山地，形成 360 千米峡谷，河面收缩到 400～500 米，最窄处不足 250 米。马塔迪以下进入沿海平原，河面展宽到 1000～2000 米，水深 20～100 米，经巴纳纳注入大西洋。河口段为深水溺谷，宽达数千米，水深 100～200 米。

流域跨赤道，有南北半球丰沛降水交替补给，水量大，年内变化小。干流的中下游每年形成两次洪峰，最大洪峰在年末，第二洪峰在春末。金沙萨年平均流量 40 400 米³/秒，1961 年特大洪水年达 73 600 米³/秒，1905 年枯水年为 21 400 米³/秒。因基桑加尼以上及金沙萨以下河段有峡谷和瀑布障碍，内陆航船不能直达河口入海。水运之利主要限于中、上游的干支流，由 40 条干支线航道构成一庞大水运网，通航里程近 20 000 千米，干流主要通航河段有：布卡武—孔戈洛，645 千米；金杜—乌本杜，300 千米；基桑加尼—金沙萨，1740 千米。马塔迪至河口 138 千米，可通行海船。

水力资源丰富。多急流、瀑布，水力蕴藏量估计达 1.32 亿千瓦，占世界蕴藏量的 1/6。干流上的重要瀑布有：蒙博图塔瀑布、约翰斯顿瀑布、恩齐洛瀑布、鬼门瀑布、尚博瀑布、博约马瀑布，以及利文斯敦瀑布群；各支流中韦莱河、乌班吉河、桑加河、夸河－开赛河等，也有不少重要瀑布。其中落差最大的是卢菲拉河上的洛福伊瀑布，又称卡洛巴瀑布，落差 340 米，为非洲著名瀑布；水力蕴藏最大的是利文斯敦瀑布群，在 175 千米的河段内集中了 32 级瀑布，总落差 270 米，为世界最著名瀑布之一，水力蕴藏量在 4000 万千瓦以上。已开发的有：中非共和国姆巴利河上的博阿利水电站，刚果（金）的英加水电站。

阿拉伯海

印度洋西北部的边缘海。中国古籍曾称之为"大食海"（因称阿拉伯半岛为"大食"而得名），或为一概括、笼统的地域称其为"西洋"的一部分。位于亚洲南部的印度半岛与阿拉伯半岛间，平面轮廓北窄南宽，略呈矩形。南面以非洲大陆的阿赛尔角（索马里境内）和马尔代夫南部的阿明环礁之间的连线为准，再沿马尔代夫群岛和印度的拉克沙群岛的西侧向北，直迄拉克沙群岛最北端的阿明迪维群岛，以它们之间的连线为界。其东与拉克沙海相连（但有的海洋学家认为拉克沙海也是阿拉伯海的一部分）。

在这个范围内，西面和西北面又以亚丁湾的东部边缘（索马里和也门之间的连线）和阿曼湾的东部边缘（阿拉伯半岛最东端的哈德角和巴基斯坦的季瓦尼角间的连线）为界，同这两个海湾分隔开来（但计算整个阿拉伯海的面积，又包括它们）。阿拉伯海本身的海岸线比较平直，仅有印度西海岸的卡奇湾、肯帕德湾以及阿曼沿海几个更小的海湾；岛屿也很少，仅有索科特拉岛、库里亚穆里亚群岛和马西拉岛等；主要海港有孟买、卡拉奇以及亚丁湾的亚丁、吉布提和柏培拉等。总面积386万平方千米，容积1056万立方千米，平均深度2734米，最大深度5203米。阿拉伯海南侧面对辽阔的印度洋，西北以阿曼湾经霍尔木兹海峡通达波斯湾，西以亚丁湾经曼德海峡进出红海。阿拉伯海的大陆架，以东北部比较宽阔，为120～253千米，孟买以北沿岸最宽，达352千米；其余海岸的大陆架很窄，有的地方不足40千米。大陆架的水深悬殊，伊朗沿海只有 37 米，印度沿海可达 220 米。海底基本为一面积宽广的海盆，比较平坦。唯印度河通过河口附近的大陆架，向阿拉伯海盆源源不断地输送沉积物，从而形成一巨大的海底冲积锥（深海扇）。阿拉伯海因处于热带季风气候区，终年气温较高。中部海域 6 月和 11 月表层水温常在 28℃以上；1 月和 2 月温度转低，仍在 24 ～ 25℃之间。临近阿拉伯半岛的海面，由于陆地干热气流的"烘烤"，水温可达 30℃以上。海面 11 月至翌年 3 月常吹东北季风，降水稀少，为干季；4—10 月盛吹西南季风，降水丰沛，为雨季；夏秋之交常发生热带气旋，且伴有狂风恶浪和暴雨。表层海流以季风海流为主，随风向变化。每年 11 月到次年 3 月，海域盛行东北季风，随之形成东北季风漂流，沿印度沿岸向南流动，约在北纬 10° 附近转向西流，然后分成两支：一支进入亚丁湾，一支沿索马里海岸南下；4—11 月，水气充沛的西南季风代替东北季风，表层海流随之倒转，形成西南季风漂流。海水盐度，雨季低于 35，旱季高于 36。大陆架（波斯湾未计）某些区域蕴藏有石油与天然气，但勘测尚远远不够。海中生物资源丰富，主要食用鱼有鲭鱼、沙丁鱼、比目鱼、金枪鱼和鲨鱼等。阿拉伯海是联系亚、欧、非三大洲海上交通的重要海域，自古是东西方往来的方便通道。中国古代航海家多曾进出其间，明代郑和率庞大船队万里来访，即其著例。

尼罗河

世界最长河流。自南向北穿越撒哈拉沙漠，流贯非洲东北部，注入地中海。习惯上，人们把白尼罗河作为尼罗河的主流。白尼罗河和青尼罗河在苏丹喀土穆附近汇合后称为尼罗河。以白尼罗河源流卡盖拉河源头算起，全长 6671 千米。干支流流经卢旺达、布隆迪、坦桑尼亚、肯尼亚、乌干达、刚果（金）、苏丹、埃塞俄比亚和埃及等国，是世界上流经国家最多的国际性河流之一。流域面积 287.5 万平方千米，占非洲大陆面积的 1/9 以上。入海年均流量 2300 米^3/秒，年径流量约 725 亿立方米，年径流深 24 毫米，属非洲少水流域。

苏丹的尼穆莱以上河段为上游，长 1716 千米。其中，河源段卡盖拉河由源出布隆迪南部的鲁武武河和源出卢旺达西南部的尼瓦龙古河汇合而成，蜿蜒向北，至乌干达边境，折向东流，注入维多利亚湖，全长 400 千米。湖水从北端流出，经基奥加湖向西流，称维多利亚尼罗河，注入艾伯特湖。出该湖后称艾伯特尼罗河，北流至苏丹边境的尼穆莱。上游段具热带湿润地区山地河流特征，水量丰富，有湖泊调节，水量季节变化较小；多急流、瀑布，富水力资源。

从尼穆莱至喀土穆为中游段，

长 1930 米，称为白尼罗河。其中马拉卡勒以上又称杰贝勒河，流经宽达 400 千米的苏丹冲积平原，地势平坦，比降只有 1/139 000，地面沼泽密布，水生植物丛集壅塞，河道在此分汊漫流，因蒸发强烈，水量损失大半。在马拉卡勒附近接纳支流索巴特河后水量增加，河面展宽，沿途形成深厚的冲积土层并沼泽化。在喀土穆附近，青尼罗河自东南汇入，每当洪水期，两股水流颜色迥异，"青白分明"，涡流急旋，水量大增；白尼罗河和青尼罗河的年均流量分别为 890 米^3/秒和 1650 米^3/秒。青尼罗河发源于埃塞俄比亚高原西北部海拔 1830 米的塔纳湖。从该湖南端流出后，河谷深切，比降达 1/1160，水流湍急。入苏丹境内后，流贯于平原地区，河曲发育，水量较大，是尼罗河干流水量的主要供给者。但流量季节变化和年际变化大，7—9 月洪水期的最大流量达 5610 米^3/秒，4—5 月枯水期的最小流量仅 85 米^3/秒，相差 60

多倍。干流的水文状况主要决定于青尼罗河洪水期来临的迟早和水量的大小。

喀土穆以下为下游段，长3025千米，流经气候干旱的热带沙漠区。其中喀土穆至阿斯旺段，比降为1/6000，由于河床基岩软硬不同，形成一系列的瀑布、峡谷，有著名的"尼罗六瀑布"。在阿特巴拉附近，尼罗河接纳最后一条支流——阿特巴拉河，出现全河最大流量值。自此往下，因降水稀少，蒸发强烈，加上渗漏和灌溉用水，河水流量渐减。在第一瀑布处建有阿斯旺高坝，形成巨大的纳赛尔水库。阿斯旺附近的年均流量为2639米^3/秒。青尼罗河、白尼罗河和阿特巴拉河分别提供总流量的58%、28%和14%。但各河所占比重，在洪水期和枯水期变化很大。

尼罗河一景

洪水期，青尼罗河占 68%，白尼罗河占 10%，阿特巴拉河占 22%；枯水期，青尼罗河下降为 17%，白尼罗河上升到 83%，阿特巴拉河则断流。阿斯旺至开罗段，比降为 1/14 000，切入砂岩和石灰岩地层，河谷狭窄，谷底平坦，沿岸分布狭长的河谷平原。这是埃及的主要农业基地，形成一条绿色长廊。开罗以下的河口段，河流分汊入地中海，形成面积约 2.4 万平方千米的河口三角洲。地面平坦，土层深厚，河渠稠密，沿海多潟湖和沙洲。由于阿斯旺高坝的修建，水流已被控制，纵贯三角洲的众多汊流主要经拉希德和杜姆亚特两条河道入海。尼罗河下游段，除阿特巴拉河外，没有支流汇入，河水全部来自中上游，从而形成著名的"客河"。河水随着沿途的蒸发和损耗，自上而下逐渐减少。

尼罗河对沿河各国的经济生活具有重要意义，其下游谷地和三角洲是世界古文明发祥地之一。尼罗河流域是非洲人口最密集、经济最发达的地区之一。如位于青、白尼罗河之间的杰济拉平原是苏丹最重要的农业基地，埃及 96% 的人口和大部分工、农业生产集中在尼罗河谷地和三角洲地区。尼罗河水资源的开发利用历史悠久。自古以来，人们一直利用洪水进行灌溉。20 世纪以来，丰富的水力资源逐步开发，流域内已建有大型水闸 7 座，水坝 10 座，特别是 1971 年建成的阿斯旺高坝和纳赛尔水库，兼有防洪、灌溉、发电、航运、渔业和旅游等综合效益。

尼日尔河

西非最大河流，发源于几内亚富塔贾隆高原东南坡，在西非腹地转了一个半圆形，流经几内亚、马里、尼日尔、贝宁和尼日利亚，注入几内亚湾。长 4200 千米，在非洲仅次于尼罗河和刚果河，流域面积189万平方千米。

河源至库利科罗是上游段，长820千米，先流经海拔800～1000米的山地和高原，沿途接纳众多支流，至巴马科河宽展至1200米。再穿越砂岩山地，进入海拔300～500米的平原。上游水流湍急，富水力资源，有著名的索图巴急流段。年降水量1500～2000毫米。水量丰富，库利科罗站年平均流量1550米³/秒，8—10月为汛期，2—5月为枯水期。

库利科罗至杰巴为中游段，长2390千米。经马里西部冲积平原和北部沙漠区，进入尼日利亚西北部平原。中游大部属干旱和半干旱地区，蒸发与下渗强烈，虽有水量丰富的巴尼河从右岸汇入，干流水量仍有减无增。尼亚美站年平均流量1020米³/秒，较上游减少1/3左右。排水不畅，汛期持续较长（8—12月），尼日尔河大河湾以上的沿河低洼地和湖沼地带，滞洪积水可延续半年，形成著名的尼日尔河内陆三角洲，其中马西纳以上称为"死三角洲"，地势平坦，土地肥沃，已垦出大片农田，建有桑桑丁水利枢纽工程，是马里的粮仓；马西纳以下称"活三角洲"，地势低洼，多汊道、湖泊、沼泽，洪泛面积近4万平方千米，阻碍交通，但有利于渔业。

杰巴至河口为下游段，长950千米，流经雨水充沛地区，年降水量由北部的500毫米向南递增至河口达4000毫米。河系发达，水量丰富。最大支流贝努埃河在洛科贾从左岸汇入，汇流处河宽近3千米，水深20余米，年平均流量6100米³/秒。入海流量6340米³/秒。下游每年有两次洪水期，主洪水期由当地降水形成，9—10月达最高峰；次洪水期由中游迟来洪水形成，2月出现高峰，4月水位降落。尼日尔河三角洲自阿博展开，南北长240千米，底部宽320千米，面积约3.6万平方千米，是非洲最大的三角洲，地区内植被茂密，海滨遍布红树林，富藏石油。

尼日尔河是西非重要通航河

流。通航河段占全河长度75%。主要通航段有河口至奥尼查，长350千米，全年通海轮；奥尼查至洛科贾，6月至翌年3月通海轮；洛科贾至杰巴，只有10—11月中旬可通航；杰巴以上只通小船，库利科罗至昂松戈通航段最长。有莫普提、尼亚美、洛科奥、奥尼查等河港。流域内水力蕴藏量约3000万千瓦，已建最大工程为尼日利亚的卡因吉大坝（1969）。

赞比西河

非洲第4大河。又称里巴河。发源于安哥拉中东部与赞比亚西北部高地。流经安哥拉、赞比亚、纳米比亚、博茨瓦纳、津巴布韦、马拉维和莫桑比克，在莫桑比克中部的欣代附近注入印度洋莫桑比克海峡。全长2660千米，流域面积133万平方千米，河口年均流量1.6万米³/秒，在非洲仅次于刚果河。

莫西奥图尼亚瀑布（维多利亚瀑布）以上为上游段，以下至卡布拉巴萨为中游段，卡布拉巴萨以下788千米为下游段。上、中游穿流非洲中南部高原，除卡拉哈迪盆地东北缘一段水流较平稳，两岸多沼泽外，其他大部分河段比降大，多瀑布、急流、峡谷和险滩，水力资源丰富。著名瀑布和急流有查武马瀑布、恩戈涅瀑布、恩甘布韦急流和莫西奥图尼亚瀑布等，在赞比亚的卡松古拉（海拔880米），河面宽达1380米，是赞比西河最宽阔的河段，河水在此奔泻，构成世界罕见的莫西奥图尼亚宽幅瀑布。著名峡谷有巴托卡峡、卡里巴峡、卡布拉巴萨峡等，有许多优良坝址。中游段拥有两个大湖，卡里巴水库长280千米，由卡里巴水坝拦蓄而成，为赞比亚和津巴布韦共同拥有。在接近莫桑比克边界处，河道进入卡布拉巴萨水库，长约320千米，由卡布拉巴萨水坝拦蓄而成。

赞比西河

下游段在太特盆地以下，穿过鲁巴塔峡谷，流入莫桑比克平原，形成5～8千米的宽阔河谷地带。河口处形成面积达7148平方千米、水网稠密的三角洲。赞比西河流域处于南半球热带地区，大部属热带草原气候，年降水量600～1500毫米，河水补给较充足。径流量在非洲诸大河中仅次于刚果河居第二位。流量随降水季节变化较大，如在中游马兰巴处年平均流量3560

米³/秒，雨季（3—4月）最大流量可达12 300米³/秒，旱季（11月）枯水期最小流量仅500米³/秒。水系较发达，支流众多，重要支流在上游有隆圭本古河和宽多河，中游有卡富埃河和卢安瓜河，下游有希雷河等。全流域水力蕴藏量约13 700万千瓦，干流的卡里巴峡、卡布拉巴萨峡以及支流的卡富埃峡，已建有大型水电站，莫西奥图尼亚瀑布附近的马兰巴建有小型水电站。河上有4处主要过河点：维多利亚瀑布大桥，津巴布韦境内卡里巴水库的堤坝，津巴布韦奇龙杜市的桥梁，以及莫桑比克境内穆塔拉拉与塞纳城之间的大桥。赞比西河谷地自古就是从印度洋沿岸进入南部非洲内陆高原的孔道之一。但受河口沙洲以及浅滩、急流、瀑布所阻，只能分段通航。下游卡布拉巴萨峡以下640千米河段可通行浅水轮，是最长的通航河段。流域内赞比亚铜带和中央铁路沿线、津巴布韦高原、马拉维希雷河流域和莫桑比克平原为重要工农业区，人口密集。

维多利亚湖

非洲最大湖泊，世界第二大淡水湖。位于东非高原中部，跨肯尼亚、乌干达和坦桑尼亚三国，赤道横贯北部，由凹陷盆地形成。湖面海拔 1134 米。南北最长 400 千米，东西最宽 240 千米，面积 6.94 万平方千米。平均水深 40 米，最大深度 80 米。蓄水量 2518 立方千米。湖滨地势起伏不大，以丘陵、平原为主。西岸陡峻，其他三面低平，湖岸曲折，岸线长 3200 余千米，较大的湖湾有卡维龙多湾、斯皮克湾和埃明帕夏湾等。湖中岛屿总面积近 6000 平方千米，较大的有乌凯雷韦岛、布加拉岛、鲁邦多岛、马伊索梅岛和布武马岛等。湖区集水面积约 23.9 万平方千米，有卡盖拉河、马拉河等注入。湖水从北岸流出为维多利亚尼罗河，形成欧文瀑布，流量 600 米^3/秒；1954 年在此建成水电站大坝，该瀑布被淹没。湖水位年变幅为 0.3 米，表层水温变化在 23 ～ 28℃之间。巨大的水体对沿湖地区气候起显著的调节作用，湖区多雷雨，并在大气下层盛行偏东气流，使湖西岸成为东非的多雨区。鱼类资源丰富，是非洲重要淡水鱼产区。湖滨土地肥沃，水源充足，是重要的农业区。沿岸重要湖港有乌干达的恩德培、布卡卡塔和贝尔港，肯尼亚的基苏木以及坦桑尼亚的姆万扎等，各港之间有航线联系。

乍得湖

非洲第四大湖。地处乍得盆地中央，跨乍得、尼日尔、尼日利亚、喀麦隆四国。第四纪古乍得海的残余，5400 年前面积曾达 30

万～40万平方千米，后因气候越来越干旱，蒸发强烈、水源减少，湖面逐渐缩小。湖面海拔281米。水位季节变化大，主要依沙里河水情而异。变幅一般在1米以内，最大可达3米（1874），面积相应变化在1万～2.5万平方千米。平均水深1.5米，最深处12米。湖区大多属热带荒漠气候，平均降水量330毫米，气候年际变化大，尤其20世纪60年代后的多年持续干旱，水位年际变化加大，湖面明显缩小，最小只剩2600多平方千米。每年最低水位出现在6—7月，最高水位在11—12月。表水温度19～32℃。湖底地形多变，巴加北边有一条湖底垅岗横贯东西，把湖泊分为南北两部分，南北湖盆水流循环不畅，南湖稍深于北湖；东部水域多古沙丘，或没于水下或成小岛，以库城岛、布都马岛最大。湖面多纸草和芦苇形成的"漂浮小岛"，对航行构成障碍。乍得湖流域面积约100万平方千米，有沙里河、姆布利河、恩加达河、科马杜古约贝河注入，沙里河约占流

乍得湖畔

量95%。湖滨洼地，尤其是沙里河三角洲，多沼泽，芦苇丛生；沿湖平原土地肥沃，是重要的灌溉农业区。湖中鳄鱼、河马甚多。水产资源丰富，为非洲重要的淡水鱼产区之一，盛产河豚、鲶、虎形鱼等。雨季可行轮船。湖区人文多样性突出，不仅分属4个不同国家，各种族在宗教、禀赋和风俗方面也各异，卡南布人是牧民，哈达斯人以捕鱼为生。

科罗拉多河

北美洲西部主要河流。源出美国科罗拉多州北部落基山国家公园中的格兰德湖，向西南流，经犹他州东南部和亚利桑那州西北部；下游河段折向南流，先后成为亚利桑那州与内华达州、加利福尼亚州的界河；最后流经墨西哥西北端，注

入加利福尼亚湾。全长2333千米，其中145千米在墨西哥境内。流域面积63.7万平方千米。上游流经落基山区，降水较多，并有山地冰雪融水补给，接纳众多支流，如扬帕河、格林河、甘尼森河、多洛雷斯河、圣胡安河等；水量较丰，年平均流量约700米^3/秒。中、下游地区气候干旱，加以灌溉用水以及蒸发、渗漏耗水，支流较少，水量渐减。河流含沙量高，河水呈红褐色，河名在西班牙语中意为"红褐色"。年输沙量1.65亿吨，河口三角洲面积8600平方千米。河流比降很大，从河源到河口总落差达3500多米，富水力资源。尤其是流经科罗拉多高原的中游河段，因第三纪以来高原大幅度抬升，河流强烈下切，形成一系列深邃峡谷，适宜筑坝建电站。著名的科罗拉多大峡谷全长446千米，为世界陆地上最长河流峡谷；谷深约1600米，最深处达1829米。20世纪30年代以来，在科罗拉多河先后兴建胡佛、戴维斯、帕克、格伦峡谷等大

穿越峡谷的科罗拉多河

坝和水库，以及科罗拉多河－大汤姆逊河等跨流域调水工程。水库总储水量860亿立方米，相当于河流年平均流量的4倍，所建水电站年发电量120亿千瓦·时，在农业灌溉和向城市供水、供电方面发挥巨大效益。同时，河流通过综合治理，基本控制了洪水和泥沙；还在流域内辟有大峡谷国家公园、米德湖国家休养地、格伦峡谷国家休养地等多处旅游区。科罗拉多河对美国西南部和墨西哥西北部干旱地区经济发展具有重要意义，素有"美洲尼罗河"之称。

密西西比河

世界大河之一，北美洲最长的河流。干流发源于美国明尼苏达州西北部海拔446米的艾塔斯卡湖，

向南流经北美大陆中南部，注入墨西哥湾，长 3766 千米。以其最长支流密苏里河的源头雷德罗克湖起算，全长 6262 千米，为世界第四长河。干、支流流经美国 31 个州和加拿大 2 个省，流域面积 322 万平方千米，约占全洲面积的 1/8，居世界第三位。西岸的支流比东岸多而长，形成一个巨大的不对称的树枝状水系。水量丰富，河口年平均流量 1.68 万米^3/秒。

干流源头艾塔斯卡湖至圣保罗河段为上游，接明尼苏达河等支流。地势低平，流路蜿蜒曲折，水流缓慢，流域内多湖泊沼泽。近明尼阿波利斯处，河谷深邃，比降陡急，流经 1.2 千米长的峡谷急流带，落差达 19.2 米，形成圣安东尼瀑布。3—7 月为洪水期，其中 4 月由于春季融雪和雨水补给，出现全年高水位；冬季为枯水期。圣保罗至圣路易斯河段为中游，河谷展宽，汇入威斯康星河、得梅因河、伊利诺伊河、密苏里河等众多支

密西西比河风光

流，其中密苏里河提供干流总径流量的15%，并使干流输沙量大增。中游河道宽度一般为300～600米。圣路易斯以北河段，河床坡度较大，多急流险滩。因全年降水集中在夏季，最高水位出现在6月，最低水位在12月。圣路易斯以南河段为下游，在开罗接纳全河水量最大的支流俄亥俄河，它提供干流总径流量的一半以上，汇入处河道宽达2400米。开罗以下，又接纳怀特河、阿肯色河、雷德河等主要支流，干流进入冲积平原，河道宽度一般为1000～1600米，水流缓慢，多曲流、牛轭湖和沙洲，河漫滩宽广，河谷宽达80～160千米，具有典型老年河特征。下游的最高水位又转为4月，低水位在秋季。河口地区歧分多条汊道入墨西哥湾，大部分入海水量经西南水道、阿查法拉亚河、南水道和阿洛脱水道。年输沙量4.95亿吨，在河口堆积，形成伸入海区的鸟足状三角洲，面积约2.6万平方千米。

历史上，密西西比河不少河段灾害频繁。特别是西岸支流流经干旱地区，降水季节变化大，引起河流水位急剧变化，加以含沙量大，洪水常泛滥成灾。1927年密西西比河下游出现历史上罕见的特大洪灾，损失惨重。1928美国联邦政府制定全面整治密西西比河的"防洪法案"，批准了"密西西比河及其支流工程计划"。经过70多年的努力，大部分工程已基本完成。

密西西比河是美国内河航运的大动脉。近50条支流可通航，干、支流通航里程总长2.59万千米，其中水深在2.75米以上的航道约1万千米（含干流通航里程3000多千米）。海轮可直达距河口395千米的巴吞鲁日。除干流上游和伊利诺伊河、密苏里河等支流1—2月结冰外，全年皆可通航。经伊利诺伊等运河，与五大湖－圣劳伦斯航道相通；从河口新奥尔良港进入墨西哥湾沿岸水道，密西西比河水系已成为与江河湖海相连、航道四通八达的现代化水运网。现年货运量约2.8亿吨，大宗货运有石油、石油制品、煤、焦炭、钢铁、化工产品、沙石、谷物等。沿岸主要港口有圣路易斯、孟菲斯、巴吞鲁日、新奥尔良等。密西西比河水系是美国中南部农业灌溉以及生活和工业用水的主要来源，流域内水力蕴藏量2630万千瓦，主要分布在俄亥俄河及其支流上，开发程度较高。

圣劳伦斯河

北美洲东部大河，五大湖的出水道。出自安大略湖东北端，呈西南—东北流向，注入大西洋圣劳伦斯湾。全长1287千米，流域面积约30万平方千米。五大湖－圣劳伦斯水系以在德卢斯附近注入苏必利尔湖的圣路易斯河源头起算，全长3058千米，流域面积102.6万平方千米，美国和加拿大两国约各占一半。

圣劳伦斯河谷沿加拿大地盾与阿巴拉契亚高地之间的构造低地发育。从安大略湖口至蒙特利尔为上游，长约300千米，河宽约2千米，前2/3河段构成加、美两国边界。因河床基岩突露，形成许多小岛，在湖口以下64千米内计有1700余个，称为千岛河段。河面海拔从湖口处的75米降至蒙特利尔附近的7米，落差达68米，多浅滩，水流湍急，如国际急流、拉欣急流等，富水力资源。在蒙特利尔以西接纳最大支流渥太华河。蒙特利尔至魁北克为中游，长256千米，河宽同上游，水深增加；落差6米，流速减缓，接纳南岸支流黎塞留河等。魁北克以下为下游，长700多千米，接纳萨格奈河等支流；河面展宽，水深增至10～30米，流速更缓；河口处沉降，形成宽达145千米的三角湾。圣劳伦斯河属雨雪补给型。因有五大湖水体调节，加以流域内降水季节分配均匀，水量丰沛而稳定。河口年平均流量10 100米³/秒，流量年变幅仅70%左右。

圣劳伦斯河远眺

含沙量较小。每年12月至翌年4月河流封冻。河中富水产，有鲟鱼、鲈鱼、青鱼、沙钻鱼等。

早期的阿尔衮琴和易洛魁族印第安人沿河居住，以狩猎、农耕为生。1535年法国航海家J.卡蒂埃最先率船队溯河而上，此后该河一直是从大西洋进入加拿大内地探险、开发和移民定居的天然走廊。17世纪末以来，航道条件逐步改善，尤其是在水浅流急的上游河段，到1900年已先后修筑了6条运河和22座船闸。但因容量较小，仅能通过吃水4.3米的船只，不适应地区经济迅速发展的需要。第二次世界大战以后，加、美两国共同投资，整治和扩建安大略湖至蒙特利尔的圣劳伦斯河航道。工程于1954年开始，1959年竣工，通过修筑3条运河和7座船闸，绕过国际急流、拉欣急流等，调节河面落差，开辟了一条可供吃水8.2米船只出入的深水航道。同时在康沃尔、博阿努瓦等地兴建大型水电站。五大湖-圣劳伦斯河流域是加、美两国人口、城市集中和工农业发达地区，深水航道的开辟为其提供了巨大的货运动脉，密切了五大湖地区与大西洋的联系，具有重要经济意义。货运以谷物、矿石等初级产品为大宗。其中苏必利尔湖以西地区的出口小麦及从拉布拉多地区输往五大湖沿岸各大钢铁厂的铁矿石，均经此航道。两者合计约占总货运量的一半。沿河主要城市和港口有加拿大的魁北克、蒙特利尔、金斯敦和美国的奥格登斯堡等。

俄亥俄河

北美洲密西西比河水量最大的支流。位于美国中东部。主流由阿勒格尼河和莫农格希拉河在宾夕法尼亚州西南部匹兹堡附近汇合而成，流向西南，其流路为俄亥俄、印第安纳、伊利诺伊3州与南面西

弗吉尼亚、肯塔基两州之间的边界，最后在伊利诺伊州的开罗附近注入密西西比河。全长2108千米，流域面积52.8万平方千米。河谷较窄，河宽一般为300~500米。比降不大，总落差130米，水流平均时速不足4.8千米。路易斯维尔附近的俄亥俄瀑布有7米落差，是航运的障碍，早在1830年已另建运河，绕过瀑布。主要支流有卡诺瓦河、肯塔基河、沃巴什河、坎伯兰河、田纳西河等。河口年平均流量达7952米^3/秒，提供密西西比河近一半的流量。全年水位变化春涨秋落。为防治春季降水和融雪造成的洪水泛滥，改善航行条件，从20世纪30年代以来，流域内先后兴建多处堤坝、水库和船闸系统，全河保持深约3米的航道，并建有运河与伊利湖相连。流域内人口稠密，工农业发达，河运繁忙，以煤、石油产品、沙石料、钢铁产品等为大宗。沿岸主要河港有辛辛那提、路易斯维尔、匹兹堡等。

田纳西河

美国俄亥俄河最大的支流。由源出阿巴拉契亚山地兰岭山脉西坡的霍尔斯顿河和弗伦奇布罗德河汇合而成。向西南流经田纳西州东部，至亚拉巴布州东北部转向西流，在亚拉巴马—密西西比州界处折向北流，经田纳西州西部，于肯塔基州的帕迪尤卡附近注入俄亥俄河之后，汇入密西西比河。流程呈 U 形。以弗伦奇布罗德河源头计，全长 1426 千米，流域面积 10.6 万平方千米。河谷狭窄，比降较大，水流湍急，富水力资源。主要支流有埃尔克河、小田

田纳西河风光

纳西河、达克河等。流域内年降水量1200～1500毫米，主要集中于春初，多暴雨，易造成洪水泛滥；低水位出现在夏末秋初。河口年平均流量1924米^3/秒。20世纪30年代初，流域内洪灾频繁，森林毁坏，水土流失，航运受阻，经济落后。1933年成立田纳西河流域管理局（TVA），开始了对整个流域进行综合治理和开发的历程。半个多世纪以来，从防洪入手，先后在干支流上兴建数十座大、小水坝以及水库和船闸，结合河道整治，使干流全程（约1046千米）成为一条深2.75米、全年可航的内陆水路；以水电为中心，兼及火电和核电，成为美国东部电力工业基地，促进一批大耗电工业的发展；把植树造林、保持水土作为流域综合治理的重要一环，在因地制宜、全面

发展农林牧渔各业的同时，注意生态环境保护和旅游景区、设施的建设。田纳西河流域社会经济面貌已发生巨大变化，并以流域综合治理与开发的成功范例闻名于世。

苏必利尔湖

世界面积最大的淡水湖，北美洲五大湖之一。美国和加拿大界

苏必利尔湖一角

湖，东西长 563 千米，南北最宽处 257 千米，面积 8.21 万平方千米，两国分别占 65% 和 35%。湖岸线长 3000 千米。平均深度 148 米，最大深度 406 米，蓄水量 12 234 立方千米，占五大湖总蓄水量的一半以上。湖面海拔 183 米。湖区气候冬寒夏凉，多雾，风力强盛，湖面多波浪。冬季水位较低，夏季较高，水位季节变幅为 40～60 厘米。水温较低，夏季中部水面温度一般不超过 4℃。冬季湖岸带封冰，全年通航期约 8 个月。湖中最大岛屿为罗亚尔岛，已辟为美国国家公园。北岸岸线曲折，多湖湾和高峻的悬崖岩壁；南岸多沙滩。接纳约 200 条小支流，多从北岸和西岸注入，较大的有尼皮贡河、圣路易斯河等，流域面积（不包括湖面积）12.77 万平方千米。湖水经圣玛丽斯河倾注休伦湖，两湖落差约 6 米，水流湍急。建有苏圣玛丽运河，借以绕过急流，畅通两湖间的航运。湖区森林茂密。矿产资源丰富，主要有梅萨比的铁、桑德贝的银，以及镍、铜等。主要湖港有美国的德卢斯和加拿大的桑德贝等。

密歇根湖

北美洲五大湖之一。五大湖中唯一完全位于美国境内的湖泊。南北长 494 千米，东西最宽约 190 千米，面积 5.78 万平方千米，是美国最大的淡水湖泊。经东北端的麦基诺水道与休伦湖相连，西南侧经伊利诺伊－密歇根运河与密西西比河相通。湖岸线长 2100 千米。湖泊深度由北向南渐减，平均深 84 米，最深处 281 米，蓄水量 4919 立方千米。湖面海拔 177 米，与休伦湖相同。水流缓慢，呈逆时针方向流动。12 月中旬至翌年 4 月中旬湖岸带封冻，影响航运。南岸平直，沙丘广布；北岸曲折，西北侧有格林湾。北部多湖岛，以比弗岛最大。

密歇根湖畔的芝加哥市一角

接纳马斯基根河、马尼斯蒂河等近百条小河注入，流域面积 11.8 万平方千米（不包括湖面积）。受湖泊水体调节，气候温和，东岸盛产苹果、桃、李等，为美国主要水果带之一；格林湾一带是全国闻名的红酸樱桃产地。湖滨地区为夏季旅游胜地。南岸人口稠密，是美国重要工业基地。主要湖港有芝加哥、密尔沃基、格林贝等。

休伦湖

北美洲五大湖之一。美国和加拿大界湖，长 332 千米，最宽处 295 千米，面积 5.96 万平方千米，美、加两国各占 40% 和 60%。湖岸线长 2700 千米。平均水深 60 米，最深处 229 米，蓄水量 3543 立方千米。湖面海拔 177 米，比苏必利尔湖低6米，与密歇根湖相同。冬季沿湖封冻，航运季节限于4月初至11月末。北部多湖岛，其中马尼图林岛是世界最大的湖岛，面积2766平方千米。该岛与湖东部的布鲁斯半岛围隔成东北部的佐治亚湾。湖岸有沙滩、砾石滩和悬崖绝壁，风景优美，是休养、游览胜地。接纳许多小河注入，流域面积13.39万平方千米（不包括湖面积）。西经苏圣玛丽运河接苏必利尔湖，西南经麦基诺水道与密歇根湖相连，南经圣克莱尔河－圣克莱尔湖－底特律河注入伊利湖。湖中富渔产。湖区蕴藏铀、金、银、铜、石灰石和盐等矿产资源，是美、加两国重要工业区。圣克莱尔河东岸多炼油厂和石油化工厂，被称为加拿大的"化工谷"。湖区伐木业和捕鱼业也很发达。主要湖港有美国的贝城、阿尔皮纳、麦基诺城和加拿大的萨尼亚、戈德里奇等。

休伦湖风光

安大略湖

北美洲五大湖之一。美国和加拿大界湖，东西长 311 千米，南北最宽处 85 千米，面积 1.9 万平方千米，两国分别占 47% 和 53%。湖岸线长 1380 千米。平均深度 85 米，最深 244 米。蓄水量 1638 立方千米。湖面海拔 75 米，比伊利湖低 99 米。12 月至翌年 4 月中旬沿岸带封冻，全年通航期约 8 个月。有杰纳西河、奥斯威戈河等小河注入，流域面积约 7 万平方千米（不包括湖面积）。西南面通过尼亚加拉河承受上游四大湖的水量，河上有世界著名的尼亚加拉瀑布；往东北经圣劳伦斯河注入大西洋。建有许多运河，与周围湖、河沟通。如西南经韦兰运河（绕过尼亚加拉瀑布）与伊利湖相连；东经奥斯威戈运河与纽约州巴吉运河、哈得孙河相通；西北经特伦顿运河与休伦湖的乔治亚湾相连；东北经里多运河与渥太华河相通。1959 年圣劳伦斯深水航道完成，其航运价值更显重要。湖区人口稠密。沿湖平原地区农业发达。工业集中于湖港的周围，如加拿大的多伦多、金斯顿和哈密尔顿，美国的罗切斯特等。

安大略湖畔的劳伦斯树林带

伊利湖

北美洲五大湖之一。美国和加拿大界湖，呈西南—东北向延伸，长388千米，最宽处92千米，面积2.57万平方千米，两国约各占一半。湖岸线长1200千米。平均深度18米，最深64米，是五大湖中最浅的湖泊。蓄水量484立方千米。湖面海拔174米，比休伦湖低3米，高出安大略湖99米。多强烈风暴，常引起湖面波动，加之水浅，对航运有一定影响。12月初至翌年4月初湖面封冰，通航期为8个月。有休伦河、格兰德河、莫米河等小河注入，流域面积5.88万平方千米。湖岛主要在西南部，以皮利岛最大。西经底特律河—圣克莱尔湖—圣克莱尔河接纳苏必利尔湖、密歇根湖和休伦湖的湖水，东经尼亚加拉河倾注安大略湖，河上有世界著名的尼亚加拉瀑布。通过韦兰运河和纽约州巴吉运河分别与安大略湖和哈得孙河相通，同俄亥俄河之间也有运河相连。湖泊沿岸地带是重要的水果产区，也是工业集中区。湖滨多游览胜地。主要湖港有美国的布法罗、伊利、克利夫兰、托莱多、底特律和加拿大的科尔伯恩港等。

亚马孙河

南美洲第一大河，世界上流域面积最广、流量最大的河流。位于南美洲中北部。发源于秘鲁南部安第斯山区西科迪勒拉山脉东坡，上源阿普里马克河，接纳乌鲁班巴河后，称乌卡亚利河。北流接纳马拉尼翁河后始称亚马孙河。自此河水东流，流入巴西境内的亚马孙平原，至马拉若岛附近注入大西洋。

以乌卡亚利河上源阿普里马克河起算全长约 6480 千米，长度仅次于埃及的尼罗河（6671 千米）。沿途接纳大小支流 1000 多条，长度超过 1000 千米的支流有 200 多条，超过 1500 千米的主要支流有 17 条，其中马代拉河最长（3200 千米）。流域面积达 705 万平方千米，跨越 25 个纬度线，包括巴西的大部分，以及委内瑞拉、哥伦比亚、厄瓜多尔、秘鲁和玻利维亚的一部分，约占南美大陆总面积的 40%。每年注入大西洋的水量约 6600 多立方千米，约占世界河流注入大洋总水量的 1/6。河口年平均流量为 21 万米³/秒。

上游　从源头到与马拉尼翁河交汇处长约 2640 千米，流经秘鲁 70% 的土地。分上、下两段。上段即阿普里马克河段，长约 960 千

亚马孙河河面

米。从海拔 5200 米的奇尔卡雪山流下，穿行于东、西科迪勒拉山脉之间的狭长高原，水深流急，形成一系列急流瀑布。然后沿山麓而下，至阿塔拉亚与同出秘鲁南部安第斯山区的乌鲁班巴河汇合。下段乌卡亚利河，长 1680 千米。向北流出 80 多千米后，进入秘鲁东部的亚马孙平原。河宽由 400 米扩展至 1200 米，河床比降锐减至 0.047‰。至瑙塔附近与源于秘鲁西部西科迪勒拉山脉东坡的马拉尼翁河汇合，河面宽 2000 米，水量激增。

中游　自马拉尼翁河与乌卡亚利河交汇处至巴西境内的马瑙斯，长约 2240 千米。在秘鲁河港伊基托斯以下，转向东行，穿过 80 千米长的哥伦比亚和秘鲁国境，接纳了构成秘鲁和巴西部分国界的雅瓦里河，随后流贯巴西北部。在进入巴西境内后直至马瑙斯河段，称为索利蒙伊斯河，河深大部分在 45 米以上。水深河宽，比降微小，流速缓慢。河中岛洲错列，河道呈网状分布。在马瑙斯附近，北岸最大

支流内格罗河注入，河面宽至 11 千米，河深 99 米。

下游　自马瑙斯至河口的亚马孙河下游长 1600 千米。水深河宽，地势低平，湖泊星罗棋布。马瑙斯以下 150 千米处，全水系最大的支流马代拉河从南岸注入。自此以下，阶地逐渐收缩，以至消失。因北岸圭亚那高原的罗赖马高地和南岸的巴西高原迫近河岸，亚马孙平原束窄，在奥比杜斯处河宽减至 1800 米，流速加快。奥比杜斯以下复又展宽，河床比降不到 0.008‰。在河流临近入海口附近，又接纳了欣古河，河流宽度达 125 千米。河口处形成宽约 330 千米的三角港，每年 3—6 月大西洋海潮涌入喇叭口形的三角港内，溯河而上至距河口 960 千米的奥比杜斯，最远可深入内陆 1400 千米。由于受到迎面河水的阻力，潮水被抬升，形成高 2 米、最高 5 米的潮头，潮头壁立，巨浪翻滚，气势磅礴，景色极为壮观。由于大量泥沙淤积，三角港内形成许多浅滩和岛屿，其中有世界

最大的河水冲积形成的河海岛马拉若岛，面积达5万平方千米，它把干流分成两支。北支为亚马孙河主河口，河口段宽80千米，多沙洲；南支称帕拉河，水深畅通，海轮多经此道出入。

亚马孙平原南北介于巴西高原与圭亚那高原之间，西为安第斯山地，地势向平原倾斜，腹宽口窄，为一巨大集水盆地。亚马孙河流域地处赤道多雨气候区，气候湿热，终年高温多雨，年降水量多在2000毫米以上，并有安第斯山脉冰雪融水补给，水源供应充足。干流水量极大。流域内降水季节变化较小，降水量分布均匀，加以南、北岸支流流域雨季错开，干流水量在不同时期均可得到补偿，因此水量变化幅度缓和，洪水期与枯水期流量比率约为5：1，体现赤道水系特点。干流洪水期大致开始于10—11月，至翌年3—6月进入最高洪水期，6月以后逐渐减退，至9月最低。下游在时间上稍见落后。

航运条件优越，干流及主要支流的下游河段无瀑布险滩，枯水期也有足够的水深，无冰冻期。3000吨级海轮可上溯3680千米至秘鲁的伊基托斯，7000吨级海轮可抵马瑙斯。全水系有6万千米的水网。水系的水力资源丰富，其中大部分分布在秘鲁境内安第斯山区河段；支流从圭亚那高原和巴西高原进入平原的接触带上，也多陡落成急流或瀑布。亚马孙河每隔一定时期就改道一次，留下广阔的河漫滩地带，形成一系列曲流痕迹、牛轭湖以及被遗弃的河槽。河中渔业资源丰富，淡水鱼种类多达2000种，其中有世界上最大的食用淡水鱼皮拉鲁库鱼，还有海牛、淡水豚、鳄、巨型水蛇等多种水生动物。流域内大部分地区覆盖着茂密的热带雨林，植物种类繁多，有大量的硬木、棕榈及天然橡胶林。矿产资源丰富，已开采的有石油、铁、锰、锡、铝土矿等。亚马孙河流域人口稀少，大部分地区尚未开发，潜力极大。